いのちのリスク

——いのちの危険因子をみつめる

松原純子

いのちのリスク

――いのちの危険因子をみつめる

はじめに

「身の危険や怖いこと」は私たち誰しもが持つ一生の最大の関心事です。私たちの身の回りには「どんな危険があるのか」、人は今まで、「どんな理由で、どれくらいの人々」が、実際にいのちを落としてきたのでしょうか。いのちの危険や危険の可能性（いのちのリスク）をしっかり見つめてみましょう。

私はこれまで、人間の生死を集団的に調べ、その原因を考える疫学という学問を大学で教えてきました。そして疫学者として、いのちの危険をリスク科学として整理し、専門書『リスク科学入門』[1]や、新書版で『いのちのネットワーク―環境と健康のリスク科学―』[2]を公刊しました。残念ながら前者は数式入りの高価な専門書であるため絶版となっています。また現在、ほとんどの大学にリスク科学や疫学を専門とする講座はありません。しかし、「いのちのリスク」に対して、正しい知識を持つことは、二十一世紀を生きる人間の基礎的素養として最も大切なことだと私は思います。

現在、環境や物に焦点を当てたリスク論は多いのですが、人のいのちに焦点を当てたリスク論が不足しています。いのちのリスク因子を列挙し、それらの大きさを量的に比較し、安全対策のためのコストを評価することも必要です。そうした知識に基づいて、皆でいのちのリスクやハザード（危害）自体に焦点を当てた社会的リスク対策をもっと積極的に進めていきましょう。

昨年、ついに危惧していた熊本大地震が起こりました。日本は活断層のひび割れに乗った国だと、『日本沈没』の作者故小松左京氏が述べたそうですが、二〇一一年の東日本大震災の後、また日本のどこかが揺れそうだとは多くの人が憂慮していたところでした。災害の様子が具体的に衆知されますが、理にかなった対策を、今こそ真剣に議論すべき時です。震源から一〇〇キロ程度の距離に位置する川内《せんだい》、伊方《いかた》、玄海の三つの原子力発電所は再稼働ないし安全停止中と報ぜられていますが、情報の開示の大切さを実感し、安全対策の大切さを皆で学ぶことがいかに大切かを痛感しております。

近年は、二、三の大病院で医療事故が不自然に多発した事実や、横浜市の大型マンションの基礎杭の一部が岩盤に届かず住民が建築物の傾きに気づくなど、人々の眼が医療機関や企業体の安全倫理にも注がれ始めました。

社会全体が豊かになり、十分な電力が供給されて、生活環境が清潔になることは健康に良いことです。しかし一方で、六年前の二〇一一年三月、東北地方太平洋沖地震の後、福島第一原子力発電所で大事故が起こり、周辺の住民十数万人もの方々が避難する不幸な事態となりました。福島第一原子力発電所の事故は、他人事ではなく、専門家として、一市民として、そして事故の数年前には委員長代理として原子力規制にかかわった者として、関連情報や問題点を整理したいと切実に思い続けてきました。私たちに豊かな環境や生活の利便性を保障する電力（エネルギー源）と公衆の安全性を、どう両立させるかを考え続けたいのです。その際、原子力発電所を建設する工学、建設、運営する経費、施設周辺の人々の心情など、技術的、経済的、社会的視野に基づく議論も不可欠です。

現在、日本人の平均寿命（ゼロ歳の平均余命）は男約八一歳、女約八七歳で、日本は世界に冠たる長寿国となりました。巷は物に満ち満ちて、お金さえあれば何でも手に入る世の中です。しかし、どんなに医学的な治療法が進歩し、医療施設も増え、住居や都市環境もかなり改善したとはいえ、自分の身体の年齢や健康だけはお金で買うことはできません。

「医学的治療とは患者様の持つ治る力を最大限に援助し、引き出すことだ」ということは、医療にたずさわる人が持っている常識です。医学の力をもってしても、何もないところから人のいのちや細胞を作り出すことはできません。どんなに年をとっても、自分のいのちは毎日自分で育むことが必要です。その際、人間の身体に備わっている、有害物の悪い影響を防いだり減らしたりする力（生体防御力）や、人間がさまざまな身体的精神的ストレスに対処する身体の仕組み（メカニズム）を知ることが必要です。病気の治癒力の基本とは何かについても考えましょう。そして、人々が自分自身の身体の防御力を高めるために合理的で具体的な方法を考え、毎日の行動に生かしてほしいと思います。

私は大学で総計七〇〇〇匹ものマウスを使って、長年、研究を続け、生き物は免疫による生物学的防御と抗酸化作用による化学的防御の二つの側面を持ち、両者が体内で連動していることを実証3〜5しました。その成果を二〇一一年の福島の事故処理作業をする人々のために応用したかったのです。なぜ、その研究成果が使われないのか理由は本書で述べたいと思います。

社会はもっと、いのちの危険やリスクを直視し、知見を整理し、さらに積極的に前向きの科学的なリスク対策を実施すべきです。同時に私たち個人も、より正確にリスクを認識し、そうした知識に基づいて、毎日の努力の中で自分自身の健康を創り出すことが必要不可欠です。そうしてこそ、効果も最大になります。

本書では、専門家の間でも不明瞭かつ誤用が多いリスク関係の用語についても整理しました。本書によって、いのちの危険を正しくみつめ、さまざまなリスクを比較する一方、健康危険因子(リスク・ファクター)、リスク、ハザード、ストレス、生体防御、代謝、免疫、環境生態系などのキーワードについて考察し、社会のリスク対策や自身の生体防御力の活性化のために、具体的な健康対策を提案したいと思います。そして、現代の健康リスク問題が、人口やエネルギー問題を含む全地球的課題であることを認識して、将来の人類生存への道を確保したいと願うものです。

目次

3章　いのちの危険因子をみつめる ―これまでの人間の大量死―

装幀／富山房企畫　滝口裕子

1章　リスクと私たち

(1)　いのちの危険の昔と今

まずは、いのちの危険の昔と今を知りましょう。伝染病に罹《かか》ると、細菌やウイルスなど病原微生物がからだの中で増殖して、病原微生物との戦いに負けると人は死亡します。戦前、私が幼い頃は幼い友だちが疫痢で急死したり、親族が若くして結核で亡くなることが多くみられました。

エドワード・ジェンナーが種痘法を試してから二世紀以上が経過しました。赤痢菌や天然痘ウイルスなど病原微生物が発見され、その役割と人とのかかわりが研究され、伝染病に対する予防接種も普及しました。また、細菌の増殖を抑える抗生物質が発見され治療に使われて、先進国では細菌感染症は大幅に減少しました。

しかし恐ろしい天然痘が世界から根絶されたとはいえ、現在でもエイズや鳥インフルエンザ、新型インフルエンザやデング熱など、人を襲うウイルスからの脅威はゆるがせにできません。以前、宮崎県で家畜を襲う口蹄疫が急速に拡がり、一八万頭以上の家畜が処分されました。私が怖れていたことが、家畜の世界で身近な現実となりました。

二〇一五年の生理学・医学ノーベル賞は、アフリカなどで多い風土病、ミクロフィラリア症などに著名な効果を示すイベルメクチンを開発した大村智博士らに授与されました。その結果、いまだに世界で十数億人の感染者がいる「無視されがちな熱帯症、ＮＴＤ」に対して、日本でも人々が関心を高めました。

二〇一四年、非常に残念なことに、西アフリカのシェラリオーネで献身的な活動を進められていたウマル・カーン医師がエボラ出血熱で死亡されました。ウイルス感染症の恐ろしさを理解してＷＨＯが対策を強化したのはその後です。

いのちの危険の最大の因子は、昔はペストの流行で中世都市の人口の三分の一から半数が一度に死亡したように、伝染病でした。しかし現代では、全世界で約五四〇〇万もの人が死亡した第二次世界大戦や、一九八六年の五二〇人もの尊い人命が一度に失われた日本航空の御巣鷹山事故のように、「戦争」や「事故」など、皮肉なことに人間が起こす傷害の現実こそ問題です。3章で詳しく述べますが、人々はあらためて、いのちの危険因子の存在を直視し、その危険を量的に検討してみることが必要です。

(2) 外側の危険因子と内側の危険因子

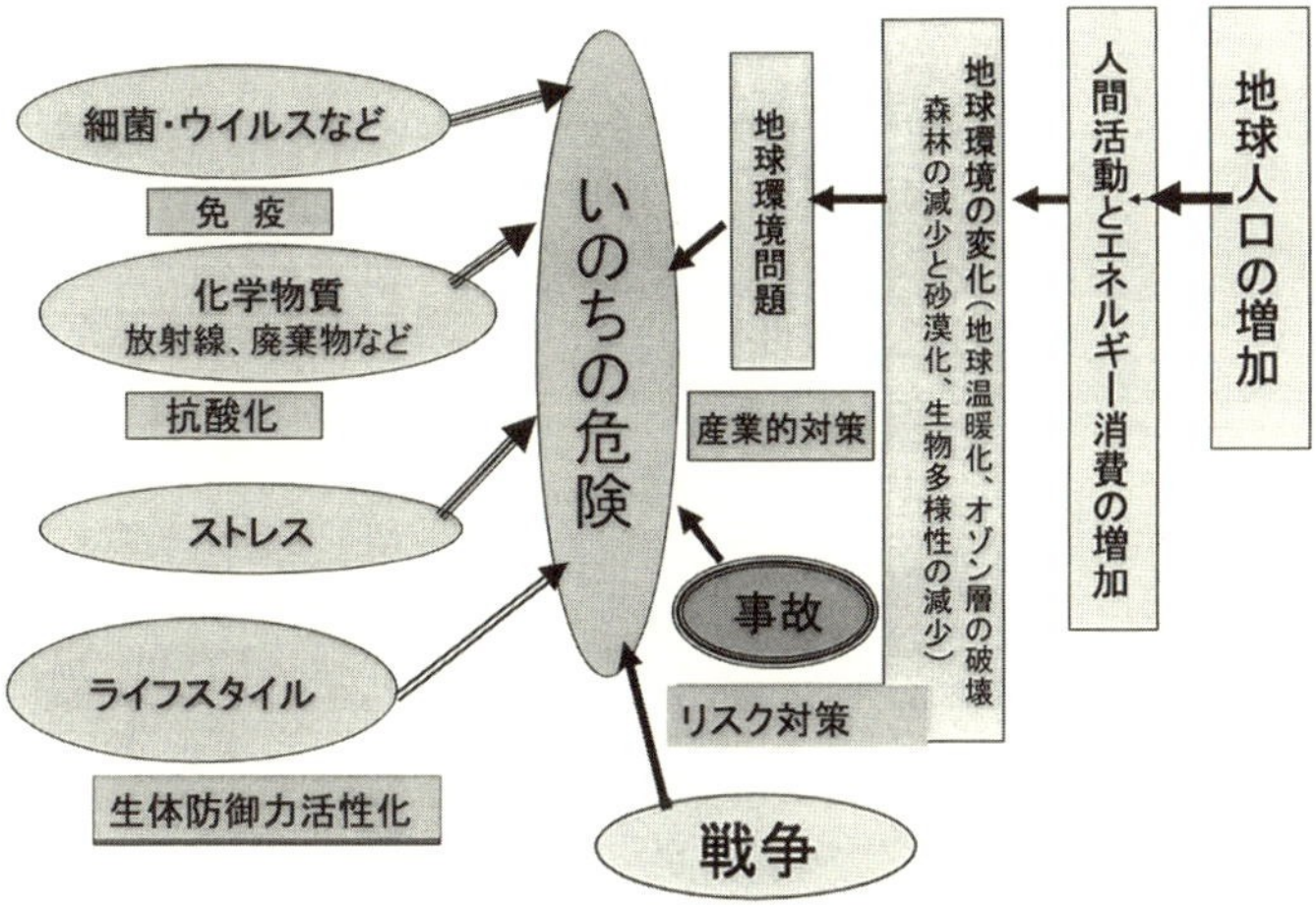

図1－1　いのちの危険と防御対策

私たちの身体はさまざまな環境因子にとり囲まれています。視野を拡げれば、図1－1に示すように、人は地球上に生まれ、私たちのいのちは現在の美しい地球に支えられ育まれています。身近な視点でみれば、図1－2に示すように、私たちの周囲（外側）には大気や土や化学物質や他人からのストレスなど、さまざまな因子があります。

ところで、私たちの身体は、毎日食物を食べて呼吸し、自分のエネルギーを作り出す際に、身体の中に大量の「フリー・ラジカル」や「酸化性物質」を自身で産み出します。

フリー・ラジカルとは余分なエネルギーを持った分子種で、人間が生き、活動し、体内で物質を変化、すなわち代謝するために必要不可欠なものです。しかし、フリー・ラジカルは同時に細胞を傷つける作用があるのです。これこそ私たちが持って生まれた「内なる危険因子」です。身体は同

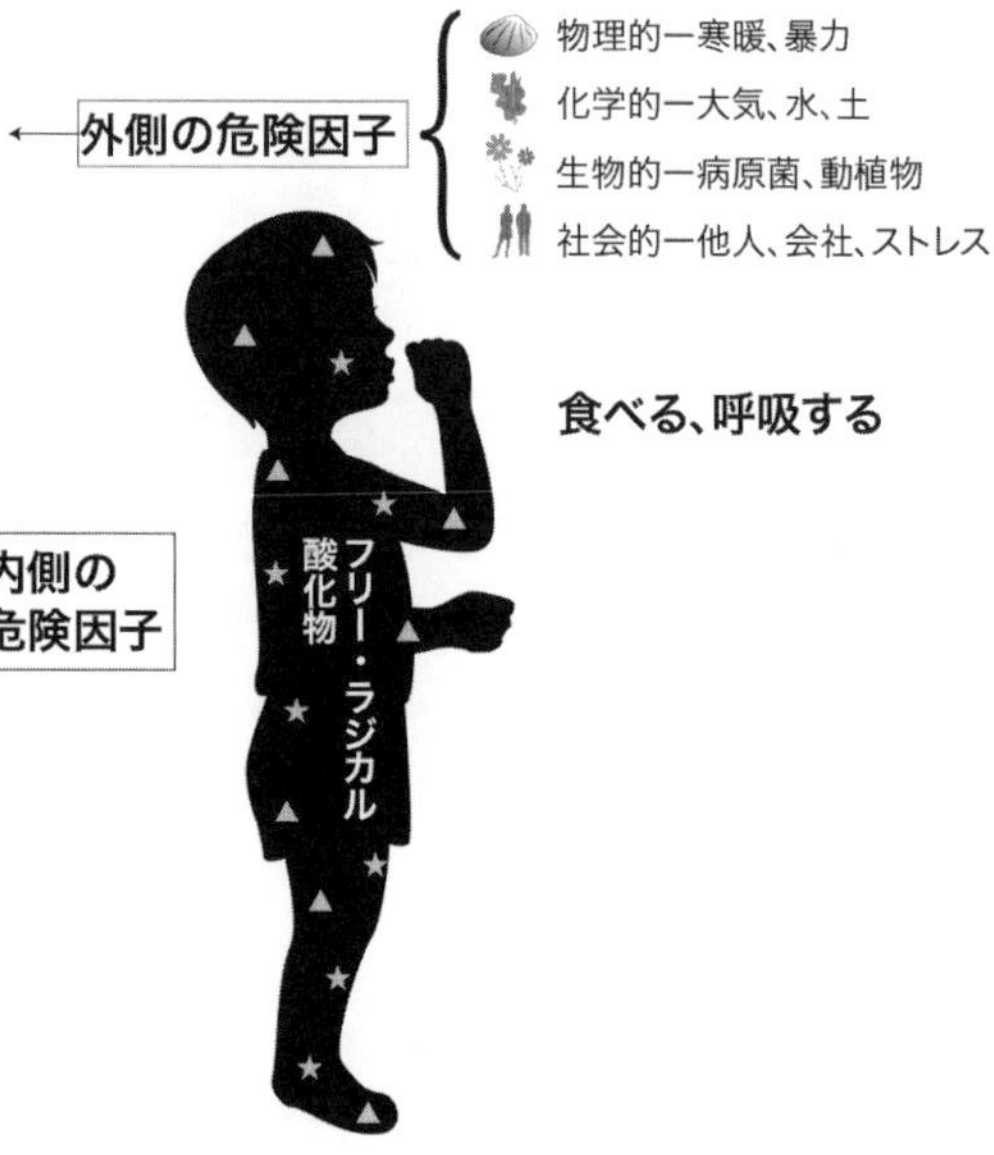

図１－２　外側の危険因子と内側の危険因子

時に周囲の環境物質や放射線などからもさまざまな刺激を受けているので、その結果、体内には酸化物が蓄積されがちです。

　しかしありがたいことに、体内には「抗酸化的防衛メカニズム」があって酸化を誘うさまざまな刺激に対して自動的に対応し、老化やがん化を防ぐ働きもあります。体内で「抗酸化物質」を働かせ、酸化に対抗することが化学的な生体防御で、体外から入って来る病原菌や異物に対抗することが免疫反応で、これを生物学的生体防御といいます。これらの生体防御作用については7章で詳しく解説します。

　リスクについては5章で考察しますが、リスクを「危険の可能性」とするならば、いのちのリスクを考えるには「外側（環境）からのリスク」と自分で生み出している「内側のリスク」の両者を見つめる必要があります。

(3) 有害物質による環境問題とリスク研究

一九七〇年代の日本では、都市化や産業活動の進展によって環境汚染が進行し、さまざまな環境有害物質への曝露が問題となり、環境医学の重要性が叫ばれました。環境問題に強い関心のあった私は、放射性同位元素のカドミウム109や水銀203を使って、重金属のマウスの体内での代謝を調べたり、有明海の水銀汚染地に出向き、漁師や胎児性水俣病児を訪ねたり、富山県の神通川流域のカドミウム汚染とイタイイタイ病との関係を報告した萩野医師に会いに行きました。

その後日本では、工場などの固定排出源からの亜硫酸ガスや重金属による汚染、ダイオキシン、アスベストなど特定物質の地域汚染に対して、かなり規制対策が進み、以前より改善はされました。しかし、公衆が汎用している自動車が排出するNOxによる大気汚染、生活廃水や農薬に由来する河川の富栄養化などはいまだに改善することが困難です。

私は大学で微生物学から疫学、そしてリスク科学へと研究や教育を進めてきました。一九七〇年代は人々が環境問題や複合汚染に興味を持ちました。私たちは、人体実験はできないので、総計数千匹ものマウスを使ってさまざまな危険物に動物を曝して「多重リスク研究3」を開始しました。その時偶然、予期に反して金属など異物の投与が放射線に対するマウスの抵抗力を著しく高めることを発見しました。その理由を探る長い研究のなかで、生物は病原微生物に対してだけでなく、大気汚染物質などの化学物質や宇宙線にふくまれる放射線など、周囲の化学的刺激や物理的刺激や飢餓（絶食）など、さまざまなストレスに対して、それらの毒性や衝撃に対抗し、防御、修復する能力を持つことを実証することができました[3-5]。ただし防御力には量的な限界はあります。それは生物や人類が太古の時代から存在する酸素や放射線のなかで生き残り、生存してきた証でもあります。

ハンス・セリエは一九三六年にストレス学説[6]を提唱し、「人は刺激の種類の差に関係なく、一様なストレス適応反応を示す」と書きました。金属物質の投与が放射線に対して身体を強くするという私の研究は、ハンス・セリエのストレス学説を実験的に証明したのだと、後になって気づきました。そして、その後の私の研究活動のかなりの部分が、この生物学的免疫反応と化学的な抗酸化機構とが共に働く（連動する）ことを、マウスを使って証明することに費やされました[4-7]。

生物は自分のいのちを守るために、常に周囲（環境）と化学的、物理的、生物学的（免疫学的）に闘う力（防御力）を持っています。さらに、精神的な刺激に対しても、人間はストレスとして感知し、さまざまなホルモンや化学物質を産生して、ストレスとたたかい、防衛しながら生活しています。図1－1のなかで、左側の四角で囲んだ因子、免疫、抗酸化、生体防御力の活性化がこれにあたります。

(4) 地球環境問題と生態学

世界中をジェット機が巡り、一夜明ければ地球の反対側で仕事ができる時代です。その便利さのなかで、人類の健康と将来の地球のエネルギーや環境問題を思わずにはいられません。現在、七三億人を乗せた宇宙船地球号の乗客は、今世紀なかばには約八十億人になるといわれています。私たちの地球号は、いつまで人類をもちこたえられるでしょうか。石炭石油などの化石燃料はあと二〇〇年位しかもたないかもしれません。地球が数十億年もかけて累々と貯め込んできた貴重な資源の一つである大切な石油を燃やしながら、今日も自動車や飛行機は世界中を駆け巡っています。

私は大学院生の頃は、セシウム137やヨード131などの放射性同位元素を用いて、海水から海産生物への元素のとり込みを調べる実験に明け暮れていました。私はそこで、人と魚や海藻と海水の三者間での物質のやりとり、つまり環境と生物の相互作用の現実を学び、生き物は常に環境から物質をとり入れ、同時に排出しながら生きていること、つまり「動的代謝そのもの」を実感しました。

そして人間は、環境のいのちのネットワークのなかの他の生き物に支えられつつ、生物全体の頂点に座して暮していているという生態学の重要さを知りました。私たちの身体は、さまざまな動植物からなる食物を食べ、つまるところ、植物が光合成で固定した太陽のエネルギーをいただいて活動することができるのですから、まさに人は環境に支えられて生きているといえます。

(5) いのちのリスクに対する総合的視点

生き物は単独では存在しません。図1－3に示すように、私たちのいのちは親からもらいましたが、そのいのちは遠い祖先から受け継がれ、私たちもこのいのちを未来へ与え継がなければなりません。これが「いのちのタテのつながり」です。

また、私たちが生きるためには絶えず呼吸をし、食餌をとります。食べ物は大地に生えた野菜であり、肉であり、海からとった魚であり、みな、生き物が原料です。結局は、地球全体の環境につながる網目（ネットワーク）のなかで生きています。これが、「いのちのヨコのつながり」です。

動植物が群れをなして生きているように、私たち人間も、一人ボッチでは生きられず、色々な人々と一緒にうまくやって、そのネットワークのなかで生きていかなければなりません。

私たち生き物は、大昔から、外界と物質のやりとりをしながら、周囲の環境のさまざまな有益または有害な物質に曝されて生きてきました。そして自分自身の年齢や性、体調など自分の持て

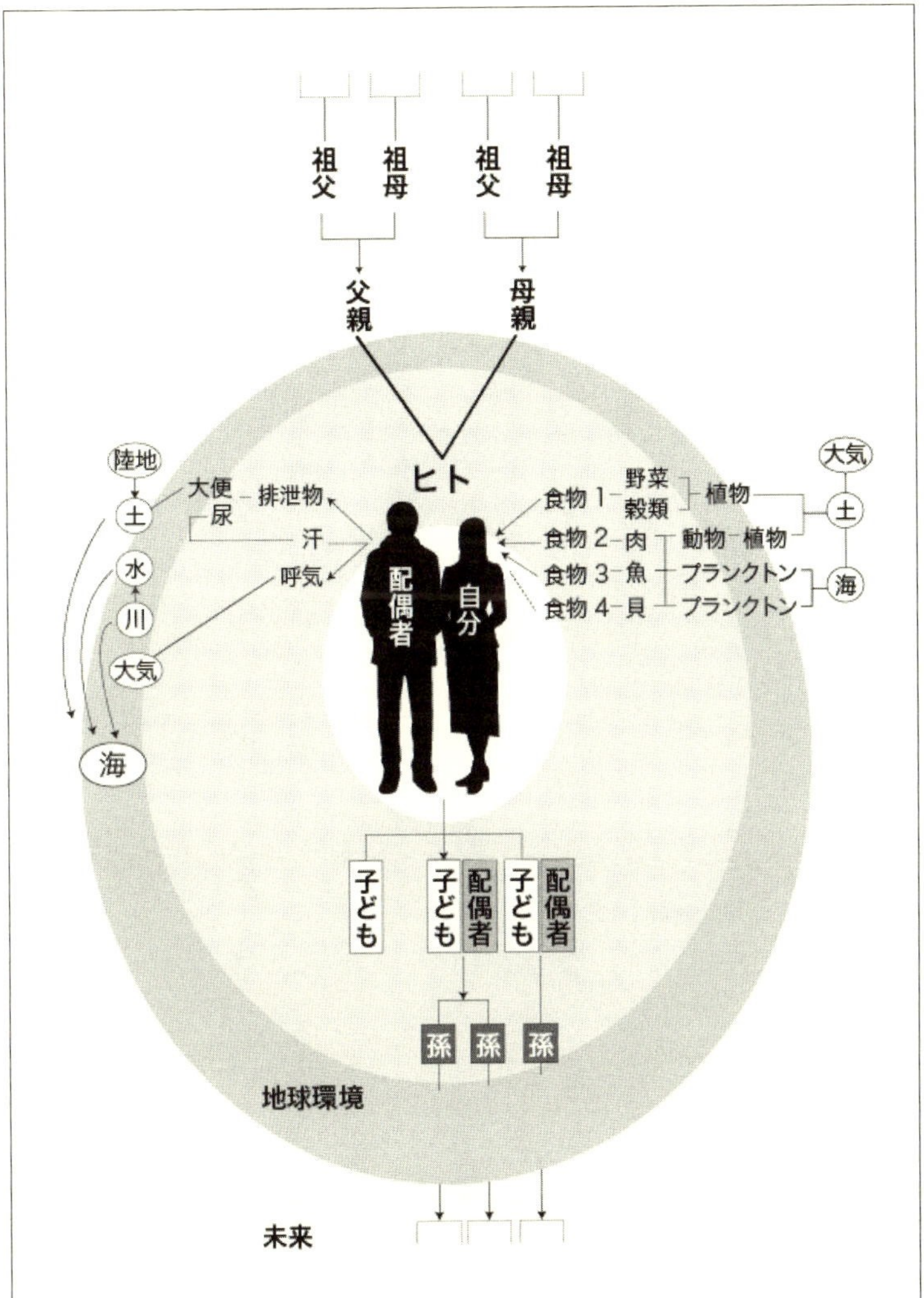

図1-3　いのちのネットワーク

る力に応じて、それらに対抗しながら生きてきました。

いのちの危険は、図1－3の左側に示した因子のみならず、右側に示す全地球的拡がりを持つ大きないくつかの因子、すなわち地球環境問題がかかわっています。地球的環境問題については9章で解説します。

さまざまな有害因子に対して私たちは、3、7—10章で解説するように、免疫、抗酸化、生体防御力の活性化、日常のリスク対策、社会的事故防御対策等で、リスクに対抗する必要があります。本来、健康とは外から与えられるものでなく、人が周囲（環境）とのたたかいのなかで、自身で維持していく面が大きく、効果も最大になります。

一方、視野を拡げれば、いのちの危険の背後で、化石燃料の使用による地球温暖化や、森林の伐採や気候変動がもたらす砂漠化や、生物の多様性の減少などが確実に進行しています。環境省は人間活動が及ぼす環境への負荷を減らし、二十一世紀の日本を循環型社会に変えていくため、資源—生産—消費—廃棄—処理—資源への再利用という循環型社会の形成をめざして法整備を進めてきました。しかし、いまだ十分ではありません。

毎日私たちが使っている電力などのエネルギーは、健康で清潔な生活するために非常に重要です。電力は私たちの生活に大きな利便性をもたらします。太陽光や風力など再生可能新エネルギーの開発は、単位面積あたりの発電密度が低いこと、供給安定性に問題あることなど量質共にいまださまざまな制約があります。あと一〇〇～二〇〇年位しか使えない貴重な化石燃料を高価値の石油化学原料や新素材にまわすためにも、これからの人類は次第に化石燃料の使用を抑制し、原子力に頼るようになるのではないかと思われます。

原子力エネルギーはウラン235を用いると、同じ重さの石炭の一〇〇万倍のエネルギーを出せるため、原子力エネルギーは今世紀の人口爆発と地球環境問題の克服という難問への解決の手だての一つとなるでしょう。しかし、ここで避けて通れないのが「リスクの問題」です。原子発電に伴う危険とその可能性（リスク）への対処や、廃棄物の管理と核物質防護システムの構築は、現代の人類の最も重要な課題です。

文献（「はじめに」、1章）

1　松原純子『リスク科学入門』東京図書（1989）

2　松原純子『いのちのネットワーク―環境と健康のリスク科学―』丸善ライブラリ42〈1992〉

3　Matsubara. J. et al: Risk analysis of multiple environmental factors: Radiation, zinc, cadmium and calcium. Environ, Res, 40, 525-530（1986）

4　Matsubara, J. et al.: Metallothionein induction as a potent means of radiation protection in mice, Radiation Research Vol. 111, 267-275（1987）

5　Matsubara, J. et al.: Immune effects of low-dose radiation: Short-term induction of thymocyte apoptosis and long-term augmentation of T-cell dependent immune responses, Radiation Research Vol. 153, 332-338（2000）

6　Selye H.: The Stress of Life (revised Ed. McGrow–Hill N.Y. 1978)
7　Miyazaki, T., Matsubara, J. et al: Reaction of metallothionein and long–lived radicals in murine liver Radiation Phys. Chem, 48, 293–296 (1996)

2章　いのち ―生きているとは―

(1)　いのちの特徴

1　かけかえのないいのち（生き物の個別性）

身の回りの生き物を見つめると、机やコップなど無生物と違って、生き物は一つとしてまったく同じ形をしたものはないことに気づきます。いのちとは、一つ一つが違うかけがえのない大切な複雑な存在です。生き物は一個体ずつが親から遺伝子をもらい、少しずつ個体差を示して生きています。しかし、生き物は周囲と関係なく一個体だけでは生きられません。人は「この世には自分とまったく同じ人間は決して存在しない」、同時に「この世という社会（人と人とのつながり）の中で生きている」と気づき、「その（社会や環境の）なかで、他の人とまったく同じにではなく、どうやって自分らしく生きようか」と考えることが大切です。

2　生き物の持つまとまり（生き物の全体性）

生き物は個体（一個の生物）としてのまとまりを持っています。無生物と違って、細かく分け

生　物（生き物）	無生物（モノ）
絶えず変化していく	変化しない
一人一人みな違った個性がある	画一的である
みんなで支えあって生きる（タテ（祖先）、ヨコ（食物）に連なっている）	独立して存在できる
細かく分けることができない（全体性がある）	細分化できる

表2-1　生き物とモノとの違い

たら生物のいのちは失われてしまいます。人間の身体はおよそ数十兆個の細胞で作られていますが、それらの一つ一つは決してバラバラではなく、まとまりを持って働き、全体的調和を保っているからこそ、私たちのいのちは今ここにあり、存続することができるのです。いのちの仕組みの美しさ、ありがたさをみつめましょう。

　いのちある生き物と、無生物であるモノとを比較すると、表2-1に示すように、まったく対照的で反対の性質を持っていることがわかります[2]。これまで人々はモノの生産に追われ、社会的には物質生産に高い価値を置いてきました。物質を生産すればお金が手に入るので、人々は知らず知らずのうちに、モノを求め、物質的な画一的な生活にはまりこみ、いのちの尊さを見失いがちになりました。

3　自力で動ける（自発的運動性）

動物や植物など生き物は動いたり、成長したりしますが、金属や石など無生物はすぐには変化しないのが普通です。生き物は、一個としてまったく同じ動きはしないで、自分の力で動いてい

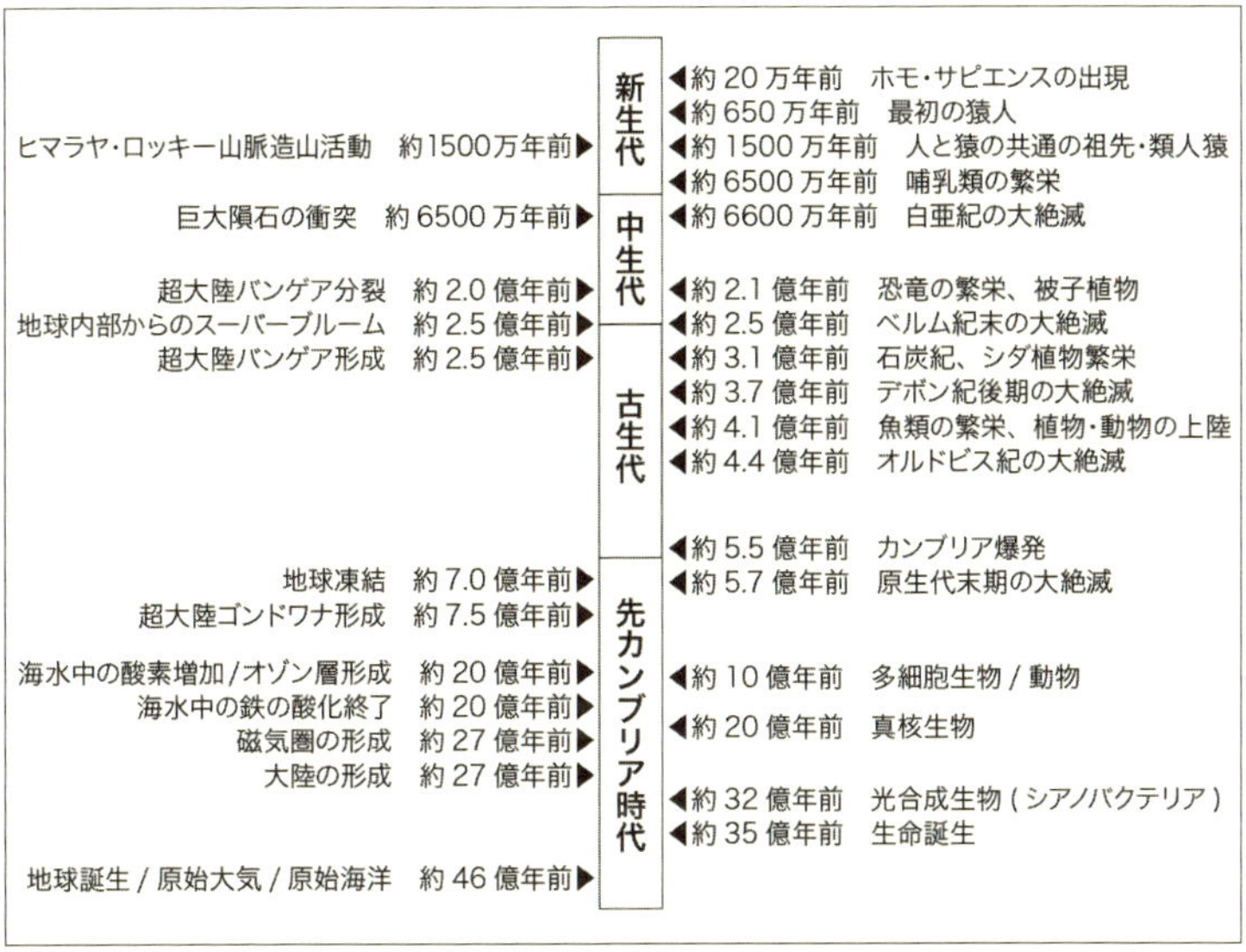

図２－１　いのちの誕生といのち35億年の進化

ます。

4　いのちはいのちから生まれる

生き物は親から生まれてくるもので、虫一匹でも何もないところから人の力で作り出すことはできません。生き物は必ず親から生まれ、いのちは親からもらったものです。そして、生き物は子孫をつくる（繁殖する）ことができます。単純な物質は工場で合成することができても、いのちや生き物は種や元になるいのちを持った細胞がなければ決して増やすことはできません。種子や卵や精子の中には親から受け継がれた遺伝子が入っており、親の持つ多くの情報が遺伝分子（DNA）を介して子どもに伝わっていきます。図２－１に示すように、地球が誕生したのは今から約四六億年前、化石中に最初の生命（細胞）が見出されたのは約三五億年前のもの、最古の人類の化石が発見されているのは四五〇万年くらい前のもので、人類が進化してくるまでなんと三〇数億年もの長い長い年月がかかっています。最近、爬虫類であるトカゲのペットを育てている女性に会いました、清潔に飼われたそのトカゲは、またたきなどで人に反応しており、爬虫類は進化の歴史の中で四億年も生き続けた賢さを、あなどってはいけないと思いました。

人間のいのちの複雑さや、その謎を明らかにするには、深い謙虚さを持って長い努力を続けなければいけません。

5　いのちとは物質が体内で動き続ける工場

人や動物は触れれば温かく、息づいています。植物も葉の裏で酸素の出し入れをしています。動物も植物もよく見ると毎日少しずつ成長し、年をとって変わっていきます。私たちは毎日、食物を食べ、呼吸し、排泄をし、身体を動かすなど、外界と物質の出し入れをします。身体の中では小さな物質が動き回り、色々な物質に変化し、力やエネルギーを出し、仕事をし、物質が動的に回転している複雑、精密な工場そのものです。この働きを歯車のつながった一連の動きにたとえて代謝回転といいます。

身体の中の物質の変化を詳しく調べる学問が生化学です。いのちとは、身体の中で物質が流れ、変化する働き（これを物質代謝〈メタボリズム〉といいます）であり、この流れが止まった時が死です。生体の中の物質の流れは、お互いに関連しあっており、よく研究された物質の変化だけでも、図2－2の代謝図（メタボリックマップ）のように複雑詳細であり、全体像をここに示すことは困難です。

6　生き物の被刺激性

生き物は外界からいろいろな刺激を受けると、さまざまな受け答え（反応）をします。地球の四六億年の進化の歴史のなかで、物にはない生き物の特徴と反応の仕方を身につけました。例えば、光に向かって葉を広げる植物や、周囲の色に合わせて体の色を変えたりする動物もいます。人間は病原菌が身体に浸入してくると、血液のなかに、その菌に対する抗体を作って、免疫反応で菌の増殖に対抗するなどです。

7　生き物の持つ恒常性

生き物は複雑なシステムですが、いのちあるかぎり、ある程度定まった形、温度、働き（機能）を維持しています。こうした身体の恒常性を「ホメオスタシス」といい、これが維持できることこそ、健康のしるしです。医者はいつも病気とたたかう人々の身体を健常に戻し、維持するお手伝いをしているのです。

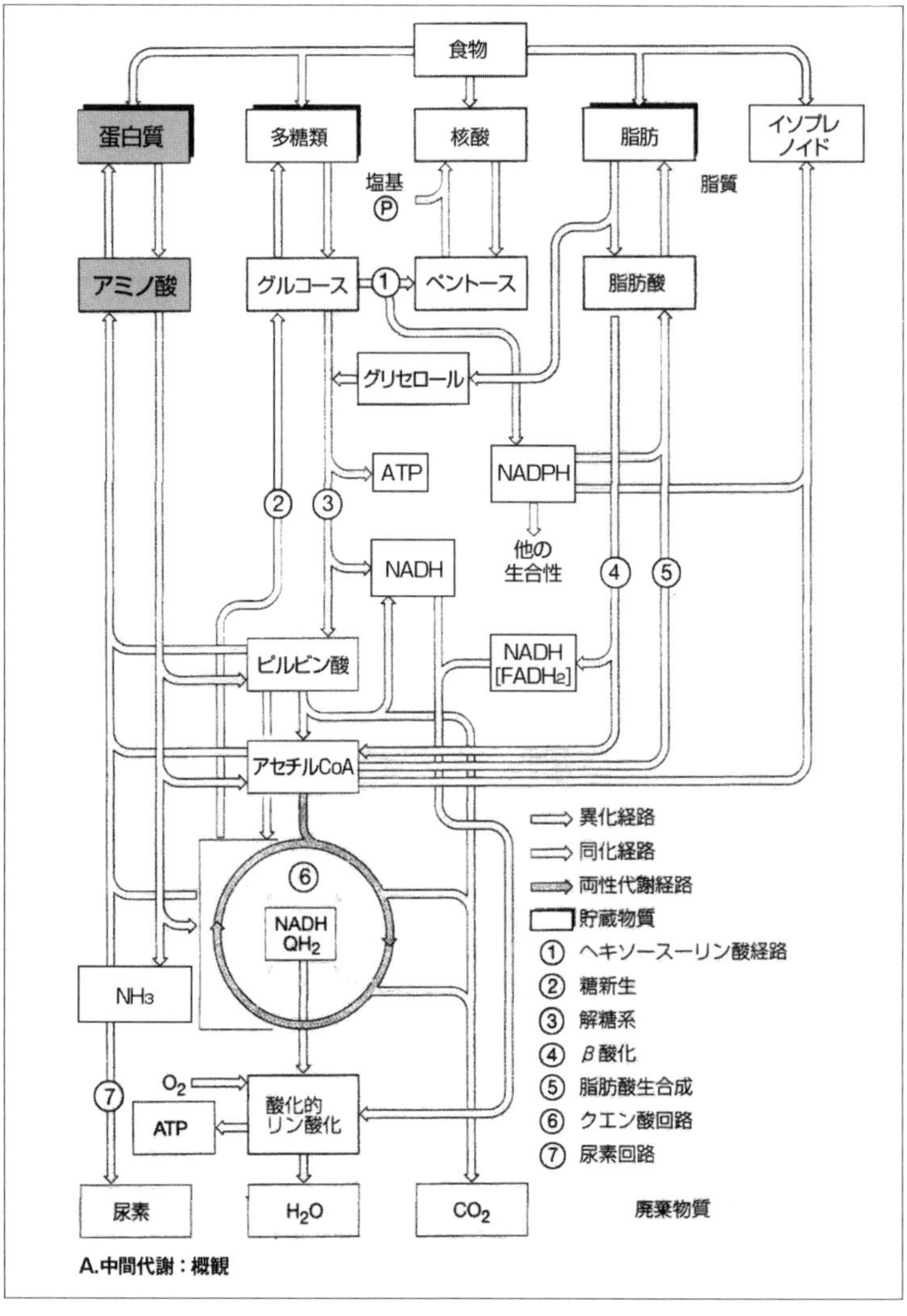

図2-2 メタボリックマップの一例

8　いのちは他者を犠牲にしながら生き、単独では生きられない

生き物は決して単独では生きられません。親があって初めて生まれ出てきた私たちでありますが、私たちは毎日たくさんの他の生き物を食物として食べ、たくさんの動植物を衣食住に利用しています。よく考えてみると、私たちの生活は、必ず他の何らかの生物のいのちを犠牲にして成り立っています。私たち人間は、毎日生きていける有難さを日々自覚しながら生きましょう。

いのちは親から子孫へ縦につながっていると同時に、周囲のたくさんの生物と横につながっています。環境や周囲の生物や生物同士の相互作用を調べる学問が生態学です。生き物の食う食われるの関係を表す食物連鎖については9章のいのちと環境の生態学の節で解説します。

(2)　いのちの単位（細胞）

大人の人間の身体は数十兆個の細胞で作られており、血液の中の細胞は約三ケ月で何百万個もの新しい細胞が入れ替わっているといいます。細胞は独立して生活できるいのちの最小単位ともいわれ、薄い膜（原形質膜）により外界と区切られ、内部に核物質ＤＮＡと原形質（細胞質）を持っています。その大きさは三㎛（三マイクロメートル、一〇〇〇分の三ミリ）程度の目には見えない小さなものですが、生き物によっては大きなものもあります。一μ（ミクロン）程度の大き

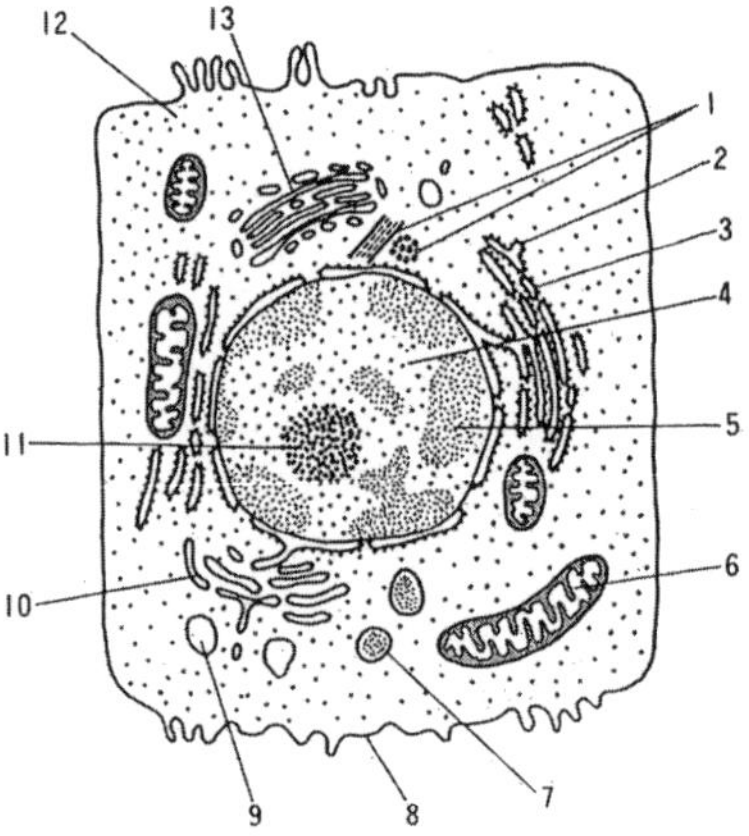

1.中心粒　2.リボソーム　3.粗面小胞体　4.核　5.染色体
6.ミトコンドリア　7.リソソーム　8.細胞膜　9.液胞
10.滑面小胞体　11.仁　12.微細繊維　13.ゴルジ体

図２－３　細胞の微細構造

さの細菌は光学顕微鏡で観察することができますが、ウイルスはそれより小さいので、電子顕微鏡でないと撮影することができません。

細胞は図２－３に示すように、内部には遺伝物質を含む核、たんぱく質の合成を行う小胞体やリボソーム、動物ではエネルギー生成にかかわるミトコンドリアなどが入っています。原形質膜は細胞の内側に深く複雑に入り込んで、たくさんの膜構造の子部屋を作り、その膜の上で複雑な化学反応が効率よく行われています。この細胞のなかで行われている化学反応こそ、生き物独特のエネルギー生産システムです。植物では原形質膜の外側にさらに細胞膜を持っており、原形質膜の内部には太陽の光をとり入れて澱粉など作る光合成を行う葉緑体がみられます。

(3)　いのちの営み（代謝と動的平衡）

動物も植物も、よく見ると毎日少しづつ成長したり、年をとって変わっていきます。私たちは毎日食物を食べ、排泄をし、身体を動かします。身体のなかは、小さな物質が動き回り、色々な物質に変化し、力を出し、仕事をし、動的に回転している複雑、精密な工場そのものです。いのちとは、身体のなかで物質が流れ、変化する働き（代謝）であり、前に述べたように、代謝回転が止まった時が死です。つまり、生きていることは、身体のなかで絶え間ない物質の変化が行われ、外界と物質のやりとりをしていることです。この生きた身体のなかでのさまざまな物質のやりとりを、生化学の言葉で物質代謝（メタボリズム）といいます。

合成される物質と分解される物質の量や生成速度と分解速度が同じならば、見かけ上、全体の量は変化しなくても現実の中身は絶えず入れ替わることができます。このように、物質の量は変わらなくても、絶えず物質が新旧入れ替わることが維持されている状態を動的平衡といいます。私たち生き物は、生きながらにして動的平衡が保たれています。しかし、健康に生き続けるためには、食事など、絶えず物質のバランスを念頭に置くことが大切です。

(4) 健常と病態

物質の出入りのバランスだけでなく、私たちが健康に生きるためには心や精神のバランスも必要です。生き物には生まれ持った生理的バランス能力がありますが、一方、健康に生きるためには、絶え間ない努力も必要です。人間は外界の刺激に反応することで、第7章いのちの防御で述べるように、身体の抵抗力や持久力を育て、適度な刺激は気分を快適にし、身体を活性化することができます。

しかし不適当な刺激が長く持続することは、人間の適応力を疲弊させます。健常者とは、一般的に健康診断で尿や血液のほとんどの臨床検査値が、だいたい正常値の範囲内に収まっており、適度な刺激のなかでもバランスを維持することができる人のことです。バランスを保てなくなった人は健康とはいえず、いくつかの臨床検査値が正常値の範囲から外れて病態となります。バランスの回復のためには、自身の努力と、適切な援助、すなわち医療が必要です。

3章　いのちの危険因子をみつめる　—これまでの人間の大量死—

人間は昔からいのちを脅かすようなさまざまな危険にさらされて生きてきました。そのなかには、地震や洪水などの自然災害、病原菌やウイルスなどによって生ずる病気、戦争や犯罪など他の人間によって加えられる危害、そして事故など人間の不注意や過失によって起こる人為災害など、さまざまな危険がありました。

私は人間の死や苦しみに大きな関心を寄せてきましたが、東北地方太平洋沖地震で一万五千人余、阪神・淡路大震災で数千人（六三四三人）もの方が一瞬のうちにいのちを落とされたということは、身近な記憶に残る大惨事です。最近でもバングラデシュではサイクロン（激しい雨風と洪水）で三〇〇〇人、二〇〇七年には三〇〇〇人が死亡したと報じられました。一人一人のいのちの重さは計り知れない重いものです。これら数千人の死がどんなに重いものか肝に銘じましょう。

歴史的に見て、人間のいのちを奪う最大の要因は、人間同士の争い、つまり戦争であったと思います。金子兜太氏いわく、「あらゆる戦争に正義なし」。まったく同感です。後で述べる3章2節の数字をよく見てください。

しかし、平和な時代でも戦争の時代でも、数知れない人命を奪ってきた人類の強敵は病原菌でした。なかでも、一度に大量の人間を次々に死に追いやる、たちの悪い伝染病の流行はこの世の地獄絵でした。伝染病は長い間、人々のあいだで大きな災厄と捉えられてきました。

(1) 病原微生物による感染症

1 感染と発病

人体に細菌やウイルスなどの微生物が侵入し、人が微生物に何らかの反応を示すことを感染といいます。感染によって微生物とのたたかいが始まり、症状が出ることが発病です。伝染病には、エボラ出血熱のように病気になると手当てをしなければ半数以上が死んでしまうほど致命率ａの高いものから、カゼのように症状があっても自然に治ってしまうもの、知らないうちに感染し治ってしまうものなど、いろいろな種類の感染症があります。表３－１は国の感染症法で定められた危険順位と、それらへの対処の仕方に従って分類された感染症のリストです。表３－２はこれまで法定伝染病といわれた家畜伝染病と届出伝染病のリストで、監視伝染病といわれています。

目に見えない小さな微生物は、人の排泄物や飛沫や空中のごみや食物などに付着して、他の人の体に入り、増殖して病気を起こし、その病気が人から人へ移るので、感染症は伝染病といわれてきました。人間は後（７章）で述べるようにさまざまな抵抗力を持っているので、現実は感染しただけで発病しない人も多数います。これを不顕性感染といい、病原菌が体内に入って感染を起こしても、病気を発症しない人のことを不顕性感染者といいます。感染症には、麻疹（はしか）のように初感染イコール発病者となるような顕性感染が著しい病気と、結核や日本脳炎のように不顕性感染者が非常多いと考えられる感染症があります。

地球の約四六億年の歴史のなかで、生命は約三五億年前に誕生し、微生物は人間より何十億年も早くから地球上に存在し続け、いくつもの生物群とともに生きてきました。脊椎動物である魚類は約五億年前に現れ、恐竜などの爬虫類は約四億年前から約二億年前にかけて、地球上で約一・五億年もの長い間活躍していました。人類は地球の生き物のなかでは、たった四五〇万年前に出現した後参者です。ですから、感染症（その多くが伝染病）の歴史は生物の出現とその進化の歴史とともにあり、感染症は有史以前から近代まで人の病気の大部分を占め、人の死亡の原因の大きな部分を占めてきました。医学の歴史は感染症の歴史に始まったといっても過言ではなく、感染症は、民族や文化の接触と交流、交流地域の拡大、世界の一体化などに伴って流行が広がりました。

a　致命率：伝染病の恐ろしさの尺度として致命率があり、病気にかかった人（罹患者）がその病気で死亡する割合です。致命率は治療法の進歩や衛生状態の改善などによって、時代とともに著しく変わってきます。例えば赤痢は戦前では幼児などで高い致命率でしたが、現代ではほとんどゼロになりました。

	感染症名等	性　　格
感染症類型	[1 類感染症] ・エボラ出血熱 ・クリミア･コンゴ出血熱 ・重症急性呼吸器症候群（病原体がＳＡＲＳコロナウイルスであるものに限る） ・痘そう ・ペスト ・マールブルグ病 ・ラッサ熱	感染力、罹患した場合の重篤性等に基づく総合的な観点からみた危険性が極めて高い感染症
	[2 類感染症] ・急性灰白髄炎 ・コレラ ・細菌性赤痢 ・ジフテリア ・腸チフス ・パラチフス	感染力、罹患した場合の重篤性等に基づく総合的な観点からみた危険性が高い感染症
	[3 類感染症] ・腸管出血性大腸菌感染症	感染力、罹患した場合の重篤性等に基づく総合的な観点からみた危険性が高くないが、特定の職業への就業によって感染症の集団発生を起こし得る感染症
	[4 類感染症] ・E型肝炎 ・A型肝炎 ・黄熱 ・Q熱 ・狂犬病 ・高病原性鳥インフルエンザ ・マラリア ・その他の感染症（政令で規定）	動物、飲食物等の物件を介して人に感染し、国民の健康に影響を与える恐れのある感染症（人から人への伝染はない）
	[5 類感染症] ・インフルエンザ（高病原性鳥インフルエンザを除く） ・ウイルス性肝炎（E型肝炎およびA型肝炎を除く） ・クリプトスポリジウム症 ・後天性免疫不全症候群 ・性器クラミジア感染症 ・梅毒 ・麻しん ・ネチシリン耐性黄色ブドウ球菌感染症 ・その他の感染症（省令で規定）	国が感染症発生動向調査を行い、その結果等に基づいて必要な情報を一般国民や医療関係者に提供・公開していくことによって、発生・拡大を防止すべき感染症
指定感染症	政令で１年間に限定して指定された感染症	既知の感染症の中で上記１～３類に分類されない感染症において１～３類に準じた対応の必要が生じた感染症
新感染症	[当初] 都道府県知事が厚生労働大臣の技術的指導・助言を得て個別に応急対応する感染症	人から人に伝染すると認められる疾病であって、既知の感染症と症状等が明らかに異なり、その伝染力、罹患した場合の重篤度から判断した危険性が極めて高い感染症
	[要件指定後] 政令で症状等の要件指定をした後に１類感染症と同様の扱いをする感染症	

表３−１　感染症の種類

家畜伝染病（法定伝染病）

1. 牛疫
2. 牛肺疫
3. 口蹄疫
4. 流行性脳炎
5. 狂犬病
6. 水胞性口炎
7. リフトバレー熱
8. 炭疽
9. 出血性敗血症（エボラウイルス性出血熱）
10. ブルセラ病
11. 結核病
12. ヨーネ病
13. ピロプラズマ病（省令で定める病原体によるものに限る）
14. アナプラズマ病（省令で定める病原体によるものに限る）
15. 伝達性海綿状脳症（狂牛病）
16. 鼻疽
17. 馬伝染性貧血
18. アフリカ馬疫
19. 豚コレラ
20. アフリカ豚コレラ
21. 豚水胞病
22. 家きんコレラ
23. 高病原性鳥インフルエンザ
24. ニューカッスル病
25. 家きんサルモネラ感染症（省令で定める病原体によるものに限る）
26. 腐蛆病

届出伝染病

1. ブルータング
2. アカバネ病
3. 悪性カタル熱
4. チュウザン病
5. ランピースキン病
6. 牛ウイルス性下痢・粘膜病
7. 牛伝染性鼻気管炎
8. 牛白血病
9. アイノウイルス感染症
10. イバラキ病
11. 牛丘疹性口炎
12. 牛流行熱
13. 類鼻疽
14. 破傷風
15. 気腫疽
16. レプトスピラ症
17. サルモネラ症
18. 牛カンピロバクター症
19. トリパノソーマ病
20. トリコモナス病
21. ネオスポラ症
22. 牛バエ幼虫症
23. ニパウイルス感染症
24. 馬インフルエンザ
25. 馬ウイルス性動脈炎
26. 馬鼻肺炎
27. 馬モルビリウイルス肺炎
28. 馬痘
29. 野兎病
30. 馬伝染性子宮炎
31. 馬パラチフス
32. 仮性皮疽
33. 小反芻獣疫
34. 伝染性膿疱性皮炎
35. ナイロビ羊病
36. 羊痘
37. マエディ・ビスナ
38. 伝染性無乳症
39. 流行性羊流産
40. トキソプラズマ病
41. 疥癬
42. 山羊痘
43. 山羊関節炎・脳脊髄炎
44. 山羊伝染性胸膜肺炎
45. オーエスキー病
46. 伝染性胃腸炎
47. 豚エンテロウイルス性脳脊髄炎
48. 豚繁殖・呼吸障害症候群
49. 豚水疱疹
50. 豚流行性下痢
51. 萎縮性鼻炎
52. 豚丹毒
53. 豚赤痢
54. 鳥インフルエンザ
55. 鶏痘
56. マレック病
57. 伝染性気管支炎
58. 伝染性喉頭気管炎
59. 伝染性ファブリキウス嚢症
60. 鶏白血病
61. 鶏結核病
62. 鶏マイコプラズマ病
63. ロイコチトゾーン病
64. あひる肝炎
65. あひるウイルス性腸炎
66. 兎ウイルス性出血病
67. 兎粘液腫
68. バロア病
69. チョーク病
70. アカリンダニ症
71. ノゼマ病

表３－２　監視伝染病

2　さまざまな感染症

一九二九年にA. フレミングによってアオカビの生産する抗生物質ペニシリンが発見され、細菌に感染した人への抗生物質の投与は、病気の原因である細菌細胞を弱める根本的な治療法として、現在でも大きく役立っています。抗生物質とは、細菌が自分の体の一部である細胞壁や細菌自身の体を作るたんぱく質など、特殊な物質の合成を阻止する作用がある物質のことです。

微生物にもいろいろあり、その種類によって大きさはたいへん違います。ウイルスは細菌よりも小さく、人間の遺伝子に近い構造をしているので、人に害を与えずに、ウイルスだけを殺し、不活性にする薬剤を作るのは大変困難なことです。ウイルス感染症の治療は、患者自身の免疫力や抵抗力に頼らざるを得ない部分が、今なお大きいわけです。

ここ半世紀は、抗生物質の普及や公衆衛生の改善によって、赤痢や結核など細菌による伝染病を過去の脅威とみなす風潮もみられましたが、抗生物質への耐性菌の拡がりや、経済のグローバル化による新興感染症bや輸入感染症cの出現など、前世紀後半の楽観を覆すような新たな状況が生じています。以下に、デング熱、新型インフルエンザ（A-H1N1）などについて必要な知識を整理します。

b　新興感染症：エボラ出血熱、ラッサ熱、オウム病、クリプトスポリジウム症、レジオネラ症、MRSA（メシチリン耐性黄色ブドウ球菌症）、多剤耐性結核、SARS（コロナウイルスによる重症急性呼吸器症候群)、コレラなど。

c 輸入感染症：日本国内に存在しないか、または国内に存在していても国外から持ち込まれたもので、それが伝染源となることが社会上重要な問題となる疾患群をいいます。主要な輸入伝染病は表3－3に示します。

① ペスト

記録に残る歴史的な感染症の流行のうち、ペストと同じと推定される感染症の最初の流行は、西暦五四二年から翌年にかけてユスティニアヌス一世治下の東ローマ帝国でした。多くの死者が続出し、当時は「ユスティニアヌスの斑点」と呼ばれた出血症で、人口の半分を失ったとされています。ペストは、ペスト菌による感染症で、感染したネズミからノミを介して伝染すると、二日ないし七日で発熱し、皮膚に黒紫色の斑点ができるところから「黒死病」と呼ばれました。

一三二〇年頃から一三三〇年頃にかけては中国で大流行し、イスラム世界でも猛威をふるい、モンゴル帝国によってユーラシア大陸の東西を結ぶ交易が盛んになったことも背景に、一三四七年に、ペストはシチリア島の港町に上陸し、図3－1にみるように、またたく間にヨーロッパ全土へと拡大しました。ヨーロッパに運ばれた毛皮についていたノミに寄生し、そのノミによってクマネズミが感染し、船の積み荷などとともに、海路に沿ってペスト菌が広がったのではないかと推定されています。

疾患	ウイスル名（安全度）	輸入方式	主な原発地
A. ヒトのウイルス病			
狂犬病	狂犬病ウイルス(2)	イヌ、ネコなどの愛玩動物	南アジア アフリカ 北米、南米、
デング熱	デングウイルス(2)	患者、感染蚊	南アジア
A型肝炎	A型肝炎ウイルス(3)	患者	アジア、 アフリカ、南米
黄熱	黄熱ウイルス(1)	患者、感染蚊	アフリカ、南米
マールブルグ病	マールブルグウイルス(1)	サル	アフリカ
エボラ出血熱	エボラウイルス(1)	患者	アフリカ
ラッサ熱	ラッサウイルス(1)	患者	アフリカ
B. 家畜のウイルス病			
口蹄疫	口蹄疫ウイルス(1)	肉などの畜産物、家畜	アジア、南米 ヨーロッパ、アフリカ
牛疫	牛疫ウイルス(1)	家畜、畜産物	アジア、アフリカ
豚コレラ	豚コレラウイルス(1)	ブタ、ダニ、畜産物	アフリカ
水疱性口内炎	水疱性口内炎ウイルス(2)	家畜	中米、アフリカ
ブルータング	ブルータングウイルス(4)	ヒツジ、ウシ	アフリカ、米国
ウマ脳炎	ウマ脳炎ウイルス(1)	ウマ	北米、中米、南米
サルエイズ	サルエイズウイルス(2)	サル	アフリカ

表3-3　日本にとっての主要な輸入伝染病

一四世紀末まで三回の大流行と多くの小流行を繰り返し、猛威を振いました。正確な統計はありませんが、全世界で八五〇〇万人、当時のヨーロッパ人口の三分の一から三分の二にあたる約二〇〇〇万から三〇〇〇万人前後、イギリスやフランスでは過半数が死亡したと推定されています。このことは　ルネサンス時代の著名な文学者ボッカチオが一三四九年から一三五三年にかけて著した『デカメロン』（十日物語）に書かれています。（ただし、二〇〇四年にイギリスで出版された『黒死病の再来』によると、一四世紀流行の「黒死病」は腺ペストではなく出血熱ではなかったかとされています。）

図3-1　ヨーロッパにおけるペストの伝播

その後も、ペストは何度か流行し、一七世紀は、一四世紀とともに小氷期とも呼ばれたようにヨーロッパの気候が寒冷化し、ペストが大流行して飢饉が起こり、英蘭戦争や三十年戦争をはじめとする戦乱の多発によって人口が激減したため、「危機の時代」と呼ばれました。

病原菌であるペスト菌の存在がわからなかった時代には、大流行のたびに原因が特定の人々におしつけられ、魔女狩りが行われたり、異教徒を迫害する事件が続発しました。王政復古後のロンドンで一六六五年に流行したペストでは、およそ七万人が亡くなっており、のちに、冒険小説ロビンソン・クルーソーの作者として有名なダニエル・デフォーは一七二二年に『疫病の年』を著して当時の状況を克明に描きました。

その後、先進諸国では一九世紀までにペストはほとんど根絶されましたが、発展途上国ではなお大小の流行があり、中国の雲南省では一八五五年に大流行し、インドでは一九九四年に発生し、パニックが起きたほどです。日本では、明治になって国外から侵入したのが初のペスト流行であるとされています。

② デング熱

デング熱は、熱帯シマ蚊やヒトスジシマ蚊によって媒介されるデングウイルスの感染症です。四種の血清型が存在し、非致死性の熱性疾患であるデング熱と、重症で危険なデング出血熱やデングショック症候群の二種の病型があります。

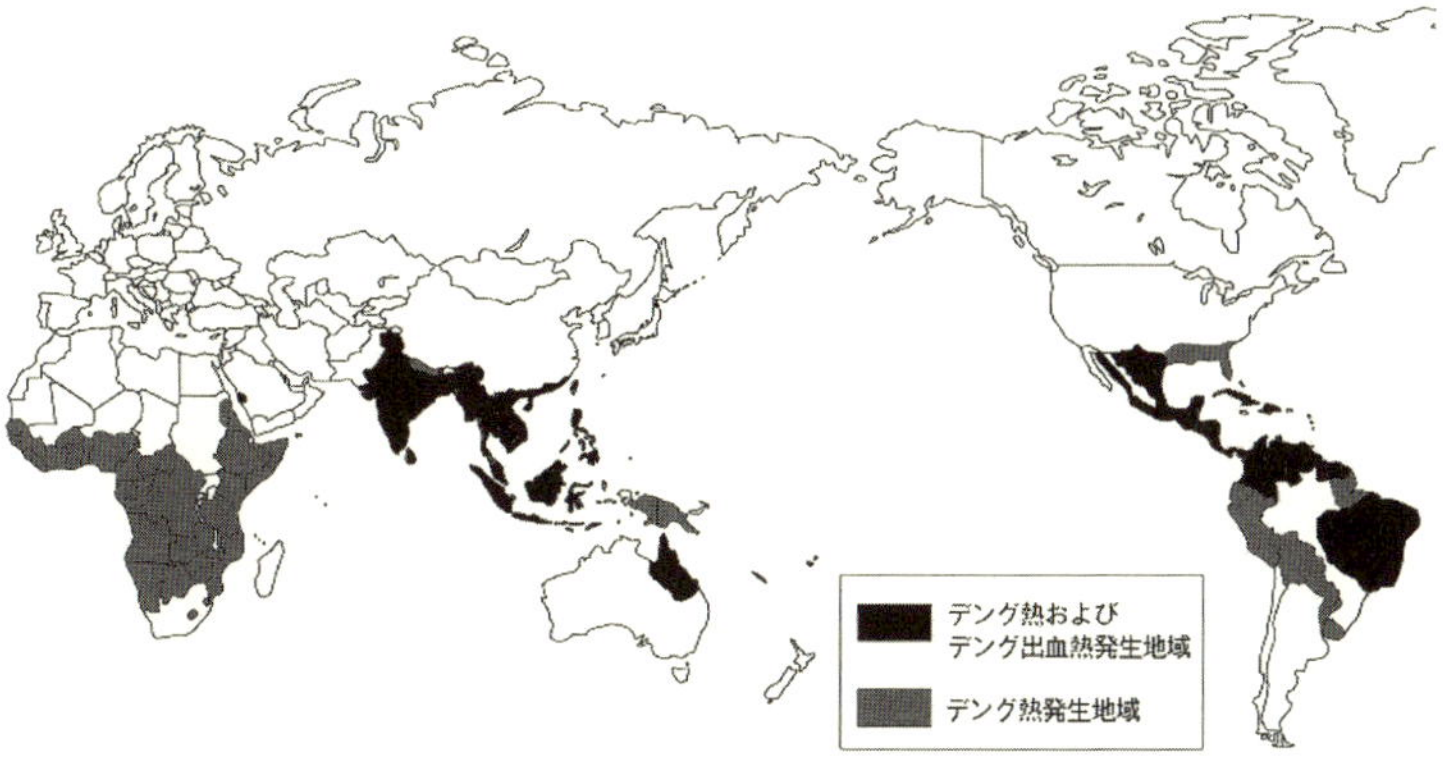

図3－2　デング熱の発生地域（WHO/CDC 資料より作成）

デングウイルス感染症がみられるのは、図3－2に示すように、媒介する蚊が存在する熱帯・亜熱帯地域、特に東南アジア、南アジア、中南米、カリブ海諸国、アフリカで、オーストラリア、中国、台湾においても発生しています。全世界では年間約一億人がデング熱を発症し、約二五万人がデング出血熱を発症すると推定されています。これは由々しい数字です。私の身近な南アジアの友人が去年この病気で急逝しました。

現在日本国内での感染はありませんが、海外旅行で感染して国内で発症する例はあり、感染症法施行後の患者届出数は、一九九九年（四月～）九例、二〇〇〇年一八例、二〇〇一年五〇例、二〇〇二年五二例、二〇〇三年三二例などですが、わが国における輸入症例は、国立感染症研究所ウイルス第一部に検査依頼のあった症例数を見ても増加傾向にあります。

2種のデング熱の病態は次のとおりです。

ⓐ　デング熱（DF）

症状を示す患者の大多数は、デング熱と呼ばれる一過性熱性疾患の症状を呈し、感染三～七日後、突然の発熱で始まり、頭痛、特に眼窩痛・筋肉痛・関節痛を伴います。食欲不振、腹痛、便秘を伴うこともあります。発熱のパターンは二相性になることが多いです。発症後、三～四日後より胸部・体幹から始まる発疹が出現し、四肢・顔面へ広がります。これらの症状は一週間程度で消失し、通常、後遺症なく回復します。

ⓑ　デング出血熱（DHF）

デングウイルス感染後、デング熱とほぼ同様に発症して経過し、患者の一部の人が突然に、血漿漏出と出血を主症状とするデング出血熱となります。重篤な症状は、発熱が終わり平熱に戻りかけたときに起こることが特徴的で、患者は不安・興奮状態となり、発汗がみられ、四肢は冷たくなります。胸水や腹水が極めて高率にみられます。また、肝臓の腫脹、血小板減少、血液の凝固時間延長がみられ、細かい点状出血がみられます。

出血熱の名が示すように、一〇～二〇％の例で鼻出血・消化管出血などがみられ、血漿漏出がさらに進行すると、循環血液量の不足からショックになることがあり、デング出血熱は、適切な治療が行われないと死に至る疾患です。デング出血熱の場合には、循環血液量の減少、血液濃縮が問題であり、適切な輸液療法が重要です。予防は、日中に蚊に刺されない工夫が特に重要で、具体的には、長袖服・長ズボンの着用、昆虫忌避剤の使用がすすめられます。

③　新型インフルエンザ

二〇世紀に入って、一九一八年から一九一九年にかけて、インフルエンザの世界的大流行は人類に対するウイルスの大きな脅威を現実に示しました。当時はスペイン風邪ともいわれましたが、全世界で五億人以上が感染し、死者は五〇〇〇万人以上に上り、日本で約四〇万人、米国で約五〇万人が死亡しました。病原体はA型インフルエンザ（H1N1亜型）ウイルスと同定されました。

その後一九五七年にはアジアインフルエンザA／H2N2型の流行があり、日本でも約一〇〇万人が罹患し、学級閉鎖が施行されました。一九六八年には香港インフルエンザA／H3N2型が流行し、約一四万人が感染し、約二〇〇〇人が死亡しました。

これらのインフルエンザウイルスは、少しずつ変異をしながら、A香港型や、Aソ連型（A／H1N1）やB型など、散発的に毎年流行を繰り返してきました。

二〇〇九年に新型インフルエンザ（A／H1N1）が豚インフルエンザ由来で発見され、これまで「豚インフルエンザ」と呼ばれましたが、鳥インフルエンザウイルスや人インフルエンザウイルス由来の遺伝子を持つため、WHOにより「パンデミック（H1N1）二〇〇九ウイルス」と命名されました。二〇一〇年にこの新型ウイルスの世界的流行は終え、その後通常の季節性インフルエンザとなりましたが、今後も警戒が必要で、インフルエンザワクチンの接種がすすめられています。

この流行は未経験のため疫学上のデータはまだありません。致命率は、神戸大学の岩田健太郎教授によれば、〇・〇二から〇・〇九％の間とみられ、季節性インフルエンザよりも低そうです。小児や高齢者、病弱者、高リスクがあると思われる患者には、タミフルやリレンザの投与が有効です。基本的には自然に治る病気であり、世界流行は必ず終わると考えられています。対策は他の伝染病と同様に、外出後の手洗いやうがいの励行、口腔の衛生など、一般的感染予防策と、患者の重症化の予防が大切です。治療薬は重症化しやすい人を優先して投与し、社会では、デマに迷わされることなく、落ち着いた対策と行動をすることで充分です。

毒性の強い高原性鳥インフルエンザＨ５Ｎ１は、豚インフルエンザＨ１Ｎ１と違って、人には直接感染しないと思われますが、高原性鳥インフルエンザの流行が鳥でみられた時は、死んだ鳥は適切に処分し、流行の監視、防止、他の動物への伝播の有無やウイルスの遺伝子の監視を迅速に実施する必要があります。二〇〇九年一〇月末現在日本では、Ｈ１Ｎ１感染者は一〇〇万人程度と考えられ、入院患者は三七四六人、死亡者は三五人と報告されました。

④　エボラ出血熱

エボラ出血熱（Ebola hemorrhagic fever）、またはエボラウイルス病（Ebola virus disease-EVD）は、ウイルスを病原体とする急性ウイルス性感染症です。サルやヒトにも感染し、二〇一四年八月六日現在で、主に西アフリカの四つの国で一七一一人が感染し、九三二名が死亡したというW

HOのニュースが示すように、致命率が五〇~八〇%という危険な疾患です。

エボラウイルスは大きさが八〇~八〇〇nmの細長いRNAウイルスです（図3-3参照）。初めてこのウイルスが発見されたのは一九七六年六月に、南スーダンのエボラ川近くに住む男性が急に三九度の高熱と頭や腹部の痛みを感じて入院し、消化器や鼻から激しく出血して死亡しました。その後エボラ出血熱はアフリカ大陸で一〇回、突発的に発生・流行しました。

エボラウイルスは人間の体細胞の構成要素であるたんぱく質を分解することで、強い毒性を発揮し、体内に数個のエボラウイルスが侵入しただけでも容易に発症するので、エボラウイルスはWHOのリスクグループ4の病原体に指定され、バイオセーフティーレベルは最高度のレベル4が要求されています。

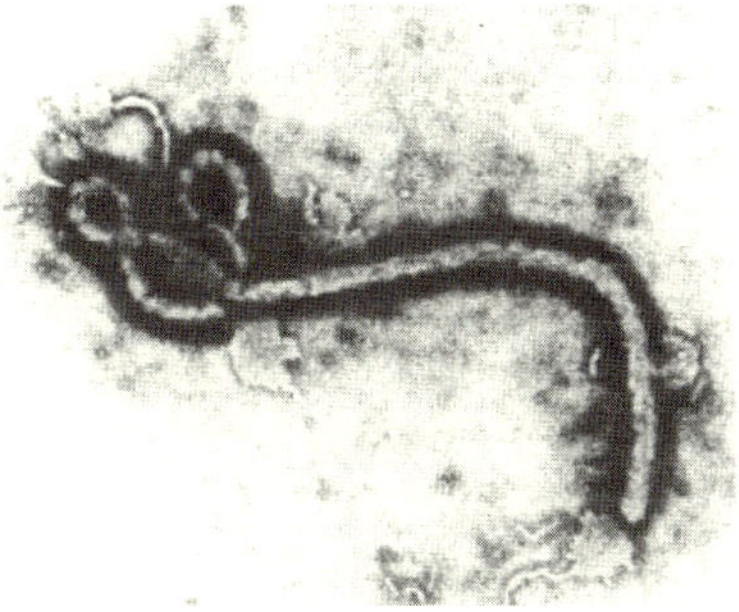

図3-3　エボラ・ウイルス

エボラ出血熱の恐怖が知られるようになってから四〇年の月日が経ちますが、これまでの死者数は一一三二六人（二〇一六年三月現在）で、これは今日でも年間一〇万~数一〇万人の死者を出しているマラリアやコレラと比較して格段に少ない人数です。しかし、症状の激しさや致死率の高さから、医療従事者が特に注意すべき疾患です。

シエラリオーネのウマル・カーン医師は、その危険性を熟知し、献身的にその治療と感染拡大の防止に尽力されましたが、二〇一四年、三九歳の若さで感染し逝去されました。その痛ましい事実は、忘れられません。コウモリの一種がエボラウイルスの自然宿主とされ、現地の食用コウモリからの感染が論文で発表されています。

患者の血液、分泌物、排泄物や唾液などの飛沫が感染源となり、感染者の体液や血液に触れなければ感染しません。空気感染は基本的になく、患者の隔離が非常に重要です。エンベロープを持つウイルスなので、アルコール消毒や石けんによる消毒が容易であり、大きな変異がない限り、先進国での大きな流行の可能性は低いと考えられています。

潜伏期間は通常七日程度（最短二日、最長三週間）。WHOおよびアメリカ疾病予防管理センター（CDC）の発表によると、潜伏期間中は感染力はなく、発病後に感染力が現れます。突発的に、発熱、悪寒、頭痛、筋肉痛、食欲不振などから、嘔吐、下痢、腹痛などが起き、進行すると口腔、歯肉、結膜、鼻腔、皮膚、消化管など全身に出血、吐血、下血がみられ、死亡します。致死率は五〇～九〇％と非常に高く、治癒しても失明・失聴・脳障害などの重篤な後遺症を残します。

エボラ出血熱ウイルスに対するワクチンや、エボラ出血熱感染症に対する有効な治療法はまだ確立されていません。対症療法的に、脱水に対する点滴や、鎮痛剤およびビタミン剤の投与、播種性血管内凝固症候群（DIC）に対する抗凝固薬等の投与が行われます。

今後、さらに拡大する可能性が高いので、WHOは二〇一四年八月八日に「国際的に懸念される公衆衛生の緊急事態」（PHEIC〈英語版〉）を宣言、アメリカ疾病予防管理センター（CD

C）は最高度の緊急体制に入りました。日本ではエボラ出血熱は、旧伝染病予防法（一九九九年に廃止）では、「法定伝染病」に指定されていました。現感染症法では「一類感染症」（「一種病原体等」）に指定されています。

【エボラ出血熱の治療と予防について】

人自身の細胞を傷つけずに、ウイルスだけを殺す治療薬を開発することは、とても困難ですが、二〇一〇年五月に、ボストン大学の研究チームは、エボラウイルスの中でヒトに対する病原性が最も強いザイール型のエボラウイルスに感染させた中国のアカゲザルの治療に成功したと「The Lancet」誌上で発表しました。それは人工的に生成した低分子干渉ＲＮＡ（siRNA）を基に作られた薬剤を副作用が出ないよう脂肪分子で包み、感染した細胞に直接届けることで、ウイルスの自己複製を促進するＬタンパクを阻害する薬剤です。

二〇一四年八月六日、中央アフリカで大流行しているエボラ出血熱の医療チームで感染した米国人二人に対して投与された実験用の抗体治療剤「ZMapp」の効果があったことから、この未承認薬のエボラ出血熱患者への投与承認を求める申請がＷＨＯになされました。薬の効果・副作用より（供給が不足する中で）「誰に投与すべきか」倫理問題がありましたが、ＷＨＯ特別委員会で暫定的に承認されました。アメリカ人医師に使われて効果があったという報道がありますが、投与と効果の因果関係がはっきりしていません。効果があっても副作用が問題です。

不妊症および乳癌の治療に用いられるエストロゲン受容体遮断薬（クロミフェンとトレミフェン）は、感染したマウスではエボラウイルスの進行が抑制され、クロミフェンで治療されたマウスの九〇％、およびトレミフェンで治療されたマウスの五〇％がテストで生存しました。経口で利用可能であり、すでに人への利用の歴史のあるこれらの薬は、単体で使うにせよ、他の抗ウイルス薬と合わせて使うにせよ、エボラウイルス感染治療の候補です。

エボラ出血熱の流行地帯に暮す人々は、ゴリラやチンパンジーなどの野生生物を食用とする習慣があり、また実際に発症した人のなかには、発症する直前に森林で野生動物の死体に触れたと証言した者もおり、ゴリラやチンパンジーも感染ルートの一つとなった可能性があります。コンゴ共和国でエボラ出血熱が発生した際には、人間への感染と同時にゴリラにも多数の感染例が報告され、二〇〇二年から二〇〇五年の間に約五五〇〇匹ものゴリラが死亡したと報告されています。エボラ出血熱によるこれらの動物の激減や密猟のため、残念なことです。チンパンジーにいたっては一〇〇年前には約二〇〇万匹いたと推定されており、商業目的で密猟や食料にされたり、エボラ出血熱の流行のため、現在は約二〇万匹と推定されます。なお、人以外のゴリラやチンパンジー等の霊長類が人への感染源になってはいますが、ウイルスの保有宿主ではなく、人間と同様に偶発的に終末宿主になったと考えられています。

54

⑤　中東呼吸器症候群（ＭＥＲＳ）

二〇一二年一月に英国よりＷＨＯに対し、中東への渡航暦のある重症肺炎患者に関する報告届けがあり、新種のウイルスが分離されて、Middle East Respiratory Syndrome Coronavirus と命名されました。二〇一五年春には、中東に旅行した韓国人一三〇名がＭＥＲＳと報告されましたが、患者の派生は、ラクダへの接触や医療関係者に限局されているようです。

⑥　ジカ熱

ジカ・ウイルスを持つ蚊が媒介する、危険度は4類に属する感染症です。全体的に症状は軽く、約一週間程度で回復します。しかし、ＷＨＯが二〇一六年初めに、緊急宣言を発しました。

症状は、発熱、関節痛、結膜炎が主ですが、妊婦が感染すると小頭症の児を出産しやすいことが恐れられています。何故なら、ブラジルでは、昔は年に一五〇人程度の発生だった小頭症が、最近、年に四〇〇〇人も発生しました。現在、中南米の国々から流行が始まり、世界三五ケ国で、感染者が四〇〇〇万人に拡大する恐れがあるといわれています。

今のところ日本では、将来生まれてくる子どもの奇形予防のために、最も注意すべき感染症は風疹である事実は変わりません。

(2) 戦争による死亡

人類は数世紀前に人口の半数を死亡に追いつめたペストなどの恐ろしい伝染病を克服しつつあるのに、残念なことには、自らの意思で引き起こす戦争や紛争によって、今なお多数の死を生み出しています。戦争は文字どおり殺し合いですから、一度に、万の単位の死亡の数字が当たり前となります。（表3－4参照）

表3－4の数字を整理して、一六世紀以降の世界で、大きな戦争犠牲者を出した一〇のランキングが昨今ネット上に掲載されています。ただし、犠牲者数を示す数字は、国別の状況、調査の方法、時代等により大きな差異がもとから存在するので、あくまで大まかな概数だと考えるべきです。

大戦争の犠牲者ランキングは以下のとおりです。

1	第二次世界大戦	（一九三九―四五）	五四〇〇万人
2	第一次世界大戦	（一九一四―一八）	二六〇〇万人
3	フランス革命／ナポレオン戦争	（一七九二―一八一五）	四九〇万人
4	三十年戦争	（一六一八―四八）	四〇〇万人
5	朝鮮戦争	（一九五〇―五三）	三〇〇万人
6	ベトナム戦争	（一九六〇―七五）	二三六万人

7　ビアフラ内戦　（一九七六―八〇）　二〇〇万人
8　スーダン内戦　（一九八三―二〇〇五）　一五〇万人
9　ソ連アフガニスタン介入内乱　（一九七八―九二）　一五〇万人
10　七年戦争　（一七五五―六二）　一三六万人

すなわち、一六世紀以降の主な戦争の犠牲者数を見ると、第一次世界大戦以前では、フランス革命／ナポレオン革命／ナポレオン戦争における死者数が四九〇万人と多かったのですが、第一次世界大戦の犠牲者数の規模は二六〇〇万人と、それ以前の戦争とはレベルを異にする、大国の人口が瞬時に消えるようなさらに大きな数字です。

第一次世界大戦では、それ以前の戦争の全犠牲者数に匹敵する数の犠牲者が、度重なる局地戦ごとに出たといわれています。私がベルギー留学中、国立ゲント大学の恩師が私をフランス国境に近いベルダンの古戦場に案内し、敵味方双方で一〇〇万人にのぼる悲惨な殺し合いがあった状況を、熱意を込めて語ってくださいました。大戦後、欧州の人々が大家族や子どもを作ることすら望まなくなったのは、戦争のつらい記憶がそうさせているのだと、その時私は気づかされました。

戦争の無益さ、悲惨さを反省することもなく、第二次世界大戦は、第一次世界大戦の規模をさらに拡大させ、犠牲者数も二倍以上の約五四〇〇万人もの人が戦闘、爆撃、そして強制収容所における大量殺人、暴動の制圧、それに続く疾病や飢餓などで死亡しました。図3－4は第二次世界大戦の際の世界各国の戦没者数を示したものです。すべての数字が万人単位であることに注意

戦争及び大規模紛争	時期	死者数（人）	非戦闘員の 犠牲者の割合（%）
■主要な戦争での死者数			
農民戦争（ドイツ）	1524-1525	175,000	57
オランダ独立戦争（対スペイン）	1585-1604	177,000	32
30年戦争（ヨーロッパ）	1618-1648	4,000,000	50
スペイン継承戦争（ヨーロッパ）	1701-1714	1,251,000	不明
7年戦争（欧州、北米、インド）	1755-1763	1,358,000	27
フランス革命／ナポレオン戦争	1792-1815	4,899,000	41
クリミア戦争（ロシア、フランス、英国）	1854-1856	772,000	66
南北戦争（米国）	1861-1865	820,000	24
パラグアイ対ブラジル・アルゼンチン	1864-1870	1,100,000	73
普仏戦争（フランス対プロイセン）	1870-1871	250,000	25
米西戦争（米国対スペイン）	1898	200,000	95
第1次世界大戦 スターリン時代の粛清	1914-1918 1937-1938	26,000,000 ～700,000	50
第2次世界大戦 日本人犠牲者、 310万人のうち240万人は海外で死亡、（兵士210万人+市民30万人） 内6万人はサイパン島	1939-1945	53,547,000 （46,630,000 ～62,000,000）	65 （枢軸国兵士800万人+市民400万人） （連合国兵士1700万人＋市民3300万人）
■1945年以降の大規模武力紛争による死者数			
中国国共内戦	1946-50	1,000,000	50
朝鮮動乱	1950-53	3,000,000	50
ベトナム戦争（米国の介入）	1960-75	2,358,000	58
ビアフラ内戦（ナイジェリア）	1967-70	2,000,000	50
カンボジア内戦	1970-89	1,221,000	69
バングラデシュ分離	1971	1,000,000	50
アフガン内戦（ソ連の介入）	1978-92	1,500,000	67
モザンビーク内戦	1981-94	1,050,000	95
スーダン内戦（1995年現在）	1984-	1,500,000	97

（資料）レスター・R・ブラウン「地球白書 1999-2000」（1999）
（2007年6月25日収録）

表3-4　世界の主な戦争および大規模武力紛争による犠牲者（16世紀以降）

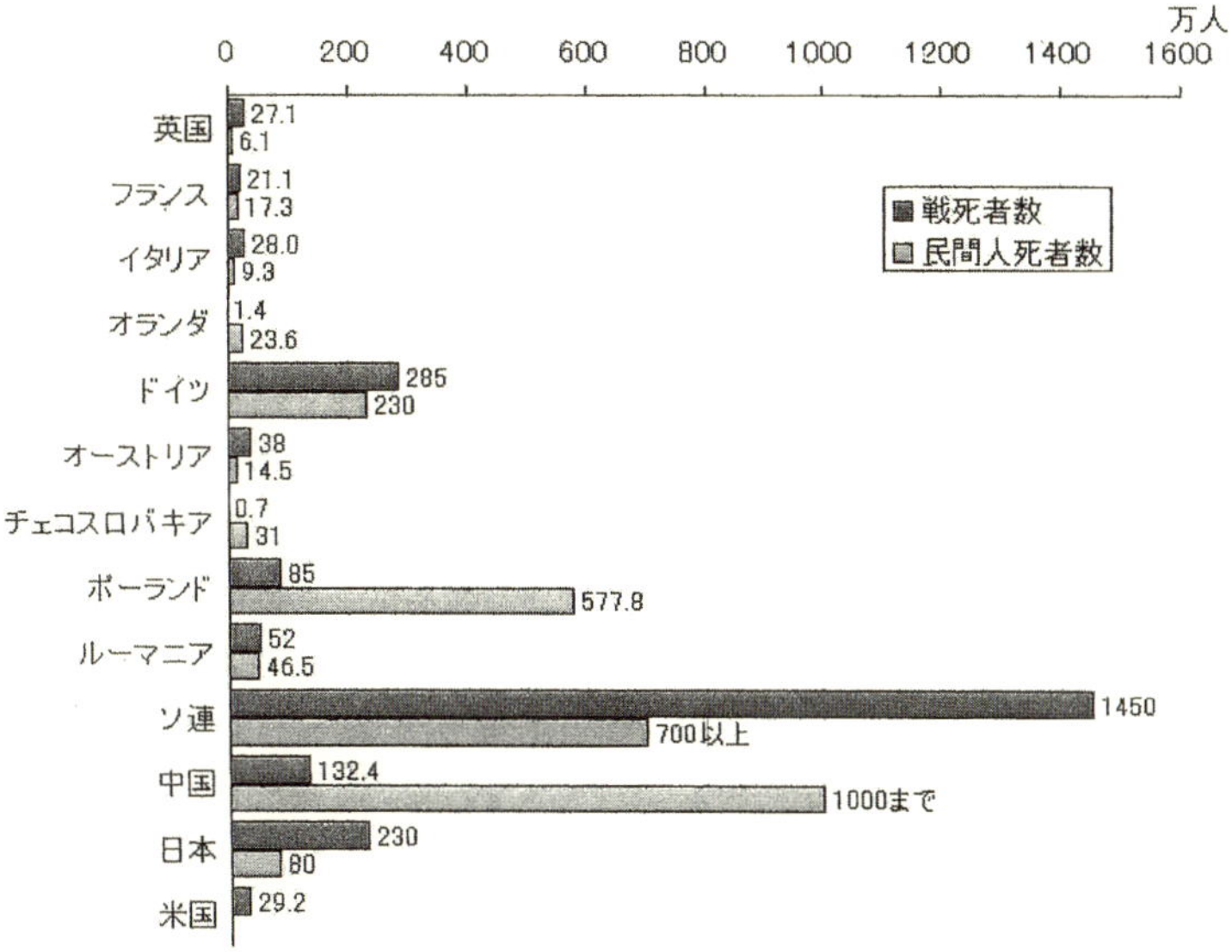

図3-4　第二次世界大戦各国戦没者数（英タイムズ社「第二次世界大戦歴史地図」、東京新聞2006.8.15などによる）

してください。当時のソ連、中国、ポーランドでは多数の民間人が戦争に巻き込まれて死亡したことを忘れてはなりません。二〇世紀の大戦争によって、短期間に数千万人もの生身の人間が、人間自身の手によって短期間に死亡させられた現実を、私たちは将来の人たちに、何度でも繰り返し伝えていくべきです。

　日本でも、沖縄戦では兵士住民あわせて約二〇万人もの人々が犠牲になりました。一九四五年三月一〇日の東京大空襲だけでも一夜で約一〇万五千人の市民が死亡しました。五月二九日の横浜大空襲では八千〜一万人の市民が死亡しました。当時、小学四年生だった私は、一九四五年四月の大空襲の一週間後に母に連れだって、疎開先から東京品川区のわが家の焼け跡を見に行ったところ、小さなわが家の庭に何と六個もの焼夷弾が落ちていました。庭の小さな防空壕の中に数人の死体があったそうです。見渡す限りの焼け跡に立って母は涙を流しました。東京大空襲では、のべ四九〇〇機の爆撃機によって一三〇回にわたり三八万九千発の焼夷弾が投下されたことを知りました。

日本人はもちろん、世界中の人が決して忘れてはならないことは、一九四五年八月の広島・長崎の原子爆弾による惨禍です。当時約三五万人の市民や軍人が生活していたと思われる広島では、推定約一四万人もの人が死滅し、風光明媚な小都市の長崎でさえ七万四千人もの人のいのちが瞬時に失われました。現在七〇歳以上の日本や韓国や北朝鮮に住む高齢者ならば誰しも、この戦争で肉親や親族の誰かを失った、忘れがたい哀しい記憶をかかえているはずです。

第二次世界大戦後の戦争でも、世界大戦級の規模ではなくとも、朝鮮動乱の三〇〇万人、ベトナム戦争二三六万人、イラン・イラク戦争では一〇〇〜一四〇万人など、百万人単位の犠牲者数を伴う大規模武力紛争が起こりました。一九九一年の第二次湾岸戦争以降も数万人のイラク人と千人以上の多国籍軍兵士が死亡し、一九九二年から一九九五年に起きたボスニア・ヘルツェゴビナ紛争では、イスラム教徒の多いボスニア人六万人、セルビア人七千人、クロアチア人二千人以上が犠牲となりました。二〇一一年のシリアでは、一六万人もの死亡が伝えられており、最近でも多数の難民が苦悩しながら欧州へ移動するのには厳しい理由があるのです。

(3) 有害化学物質の影響

古代ギリシャのヒポクラテスは鉛を扱う労働者の鉛による職業病について記述しました。その後も、日本の石切り場の労働者のよろけ（珪肺）、イギリスの煙突掃除夫にみられた陰嚢がん、ドイツのウラニウム鉱山で働いた労働者の山の病（実は職業性肺がん）、ラジウム蛍光塗料をつけた筆をなめながら時計の文字盤を描いたフランスの時計職人の口唇がんなど、痛々しい職業病の歴史はさまざまな有害化学物質の悪影響の実例を物語りました。

有害化学物質の人間への危害は二〇世紀になって、産業労働に携わる職業人のみならず一般の人々に被害が及ぶようになりました。まさに私が大学生の時、森永ヒ素ミルク事件が報道され、私は環境医学に大きな関心を寄せました。私が大学院に進学する頃には、ついに大きな実例が日本の九州水俣湾周辺の住民の中で発生したのです。それは農薬を生産する「日本化学工業会社チッソ」の化学工場から排出された排水中に水銀が含まれていて、水銀が海産生物にとり込まれ、魚を日常的に食べて暮している水俣湾周辺の住民たちに深刻な有機水銀中毒である水俣病を発症させました。一九六〇年初頭、大学院学生になった私は、一人で九州の水俣病院を訪れて、胎児性水俣病の女の子をお見舞いしました。その時私が撮影した写真が図3－5です。その後約二〇年たって、やはり寝たきりの彼女が美しい面影を残して死亡したことをテレビで知り、哀しく思いました。

水俣病と前後して、富山の神岡鉱山支流の神通川のカドミウム汚染によるイタイイタイ病が報道されました。大学院でマウスを使ってカドミウム代謝の研究に明け暮れていた私は、早速、富山県の萩野医師にも会いに行きました。カドミウムは生物体のなかでは代謝の速度が異常に遅く、非常に蓄積性が強い物質であることを実感していたからです。患者さんたちは一九三〇年代の頃から畑仕事をしながら、知らず知らずのうちにカドミウム汚染米を食べて、ひどい骨粗鬆症にかかっていたのです。

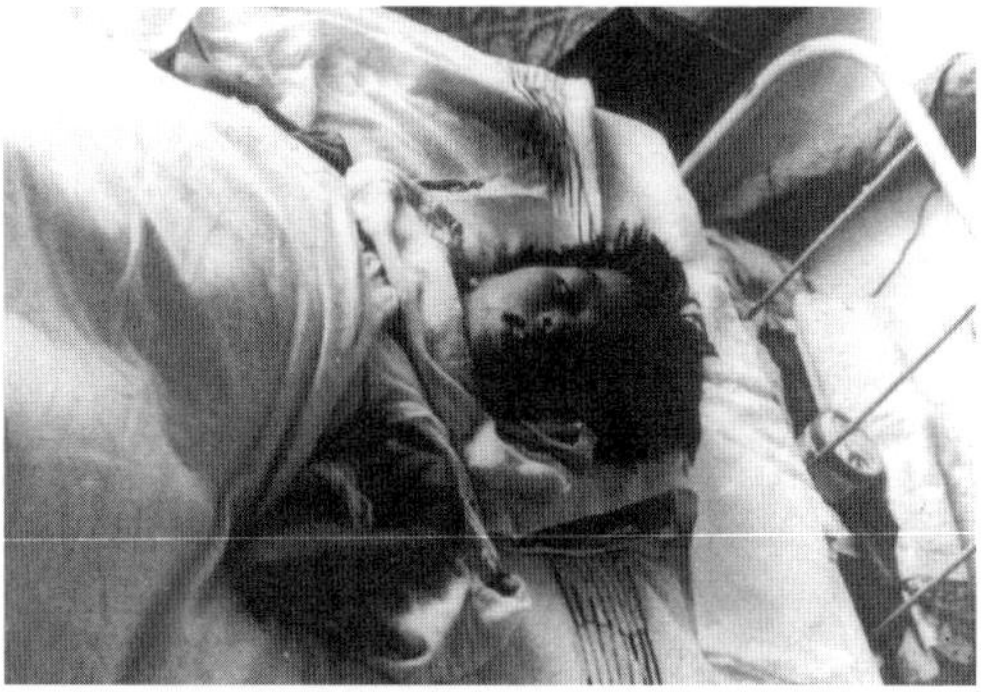

図3－5　水俣病の少女（撮影：著者）

一般住民にまで重篤な影響が及んだこれらの重金属の害に加えて、キノホルムなど市販の薬剤による薬害、都市化や車社会が生む大気汚染なども深刻になり、一九六九年には公害対策基本法が成立し、政府もやっと対策に乗り出しました。一九七〇年代は日本でも世界でも、化学物質による環境問題が大きな論議の的となり、その後、次第に先進国を中心に規制が進みました。有害化学物質が社会で野放しでとり扱われないように、日本では有害化学物質は、いわゆる化審法（化学物質の審査及び製造等の規則に関する法律）やPRT

R・MSOS（特定化学物質の環境への排出量の把握等及び管理の改善の促進に関する法律）などの法令で規定され、有害物質の排出を抑えるための、さまざまな規制と対策が実施されるようになりました。

表3-5に、各法令で規定されている有害化学物質の一覧を示します。

これまで、話題になったのは、上記の重金属のほかに、ポリ塩化ビフェニル（PCB）、ダイオキシンとアスベストなど、それらの物質の発がん性や環境影響が問題となりました。ポリ塩化ビフェニル、いわゆるPCBは、耐熱性、電気絶縁性が高く、変圧器や塗料などに広く使われましたが、日本のカネミ油症事件や、ベルギーで家畜飼料汚染などを起こし、製造が中止されており、現在は代替物質が使われています。

ダイオキシンはPCBと似た構造の物質で、なかでもTCDD（2、3、7、8-テトラクロロジベンゾジオキシン）が　毒性が高いため、人々が心配するようになり、現在は廃棄物処理工場などでは、こうした物質の環境への逸失をゼロにするべく、厳しく管理されています。図3-6は、一九七〇年以降の日本における有害化学物質の水質環境基準の不適合率の経年的推移で、一九八〇年代以降は環境が著しく改善して、この図に記載されていませんが、水俣病と原因となったアルキル水銀は一九七一年以降不検出となりました。

実は人工的化学物質のほかに、自然に存在する天然物質のなかに有害性のある物質は多数あります。毒キノコを誤って食べた人が死亡する例は報道されますが、アフラトキシンは高温多湿で

（略 称）
化審法　：化学物質の審査及び製造等の規制に関する法律
PCB特措法　：ポリ塩化ビフェニル廃棄物の適正な処理の推進に関する特別措置法
PRTR・MSDS　：特定化学物質の環境への排出量の把握等及び管理の改善の促進に関する法律
オゾン層保護法　：特定物質の規制等によるオゾン層の保護に関する法律

物質名	用　途	関連する法令等
ポリ塩化ビフェニル（別名　PCB）	古いトランス、コンデンサー、蛍光灯安定器など	労働安全衛生法 化審法(第1種) PCB特措法 水質汚濁防止法 PRTR・MSDS
カドミウム	顔料（カドミウムイエロー、カドミウムレッド）、充電池（ニッカド電池）など	水質汚濁防止法 PRTR・MSDS制度 RoHS 指令
シアン化合物	石炭乾留による都市ガス製造時に生成。また、殺鼠剤の原料や農薬など	水質汚濁防止法 PRTR・MSDS
有機燐化合物（パラチオン、メチルパラチオン、メチルジメトン及びEPNに限る。）	農薬など	水質汚濁防止法
鉛	石炭に含有。バッテリーなど	水質汚濁防止法 PRTR・MSDS RoHS 指令
六価クロム	金属メッキ、皮なめし、顔料など	水質汚濁防止法 PRTR・MSDS RoHS 指令
砒素	火山灰、石炭に含有など	水質汚濁防止法 PRTR・MSDS
水銀	圧力スイッチ、温度計、蛍光灯や水銀灯など	水質汚濁防止法 PRTR・MSDS RoHS 指令
アルキル水銀化合物	農業用殺菌剤、種子消毒剤	水質汚濁防止法
トリクロロエチレン	金属洗浄液など	水質汚濁防止法 PRTR・MSDS
テトラクロロエチレン	ドライクリーニングの溶剤、金属洗浄液、代替フロンの原料など	水質汚濁防止法
ジクロロメタン	金属洗浄液、各種溶剤など	PRTR・MSDS 水質汚濁防止法
四塩化炭素	フロン類の製造原料、溶剤、機械洗浄剤、殺虫剤の原料など	水質汚濁防止法 PRTR・MSDS オゾン層保護法
ジクロロエタン	フィルム洗浄剤、殺虫剤、燻蒸剤など	PRTR・MSDS 水質汚濁防止法

表3-5　法令で規定されている有害化学物質一覧

ジクロロエチレン	塩化ビニリデン樹脂の原料、塩化ビニリデン樹脂:人工芝、たわしや人形の髪の毛などの原料など	PRTR・MSDS 水質汚濁防止法
ジクロロプロペン	農薬など	PRTR・MSDS 水質汚濁防止法
トリクロロエタン	金属洗浄液、ドライクリーニング用溶剤など	水質汚濁防止法 オゾン層保護法
ベンゼン	薬品、石炭乾留による都市ガス製造時の副生物など	水質汚濁防止法 PRTR・MSDS
アンチモン及びその化合物	活版印刷用の活字金、バッテリーの電極の鉛合金など	PRTR・MSDS
石綿	屋根用スレート材などの建材、車のクラッチやブレーキに用いられる摩擦材、パッキンなど。ビル等の保温断熱の目的で石綿を吹き付け使用有り。	労働安全衛生法 PRTR・MSDS
コバルト及びその化合物	炭酸コバルト:パソコン・携帯電話などの蓄電池、酸化コバルト:磁器の染付け顔料(呉須)、塩化コバルト:塗料、陶磁器の着色剤、メッキ、インキ乾燥剤用原料など	PRTR・MSDS
有機スズ化合物	酸化ビス(トリブチルスズ)は、材木の防腐剤。トリブチルスズ誘導体はフジツボなどの付着生物を船体から除去する薬剤など	PRTR・MSDS
セレン及びその化合物	コピー機の感光ドラム、ガラスの着色剤、消色剤など	PRTR・MSDS
ニッケル、ニッケル化合物	ニッケル・水素蓄電池やニッケル・カドミウム蓄電池等の二次電池、触媒	PRTR・MSDS
ホルムアルデヒド	合成樹脂の原料など	PRTR・MSDS
CFC	冷媒	オゾン層保護法
ハロン	消火剤	オゾン層保護法
HCFC	冷媒	オゾン層保護法
HBFC	冷媒	オゾン層保護法
ブロモクロロメタン	消火剤	オゾン層保護法
臭化メチル	農業用の土壌消毒剤や、輸入作物の薫蒸剤	オゾン層保護法
ポリ臭化ビフェニル(PBB)	自動車用の塗料、ポリウレタンフォームなどの難燃剤	RoHS 指令
ポリ臭化ジフェニルエーテル(PBDE)	電気製品や建材、繊維などの難燃剤	RoHS 指令

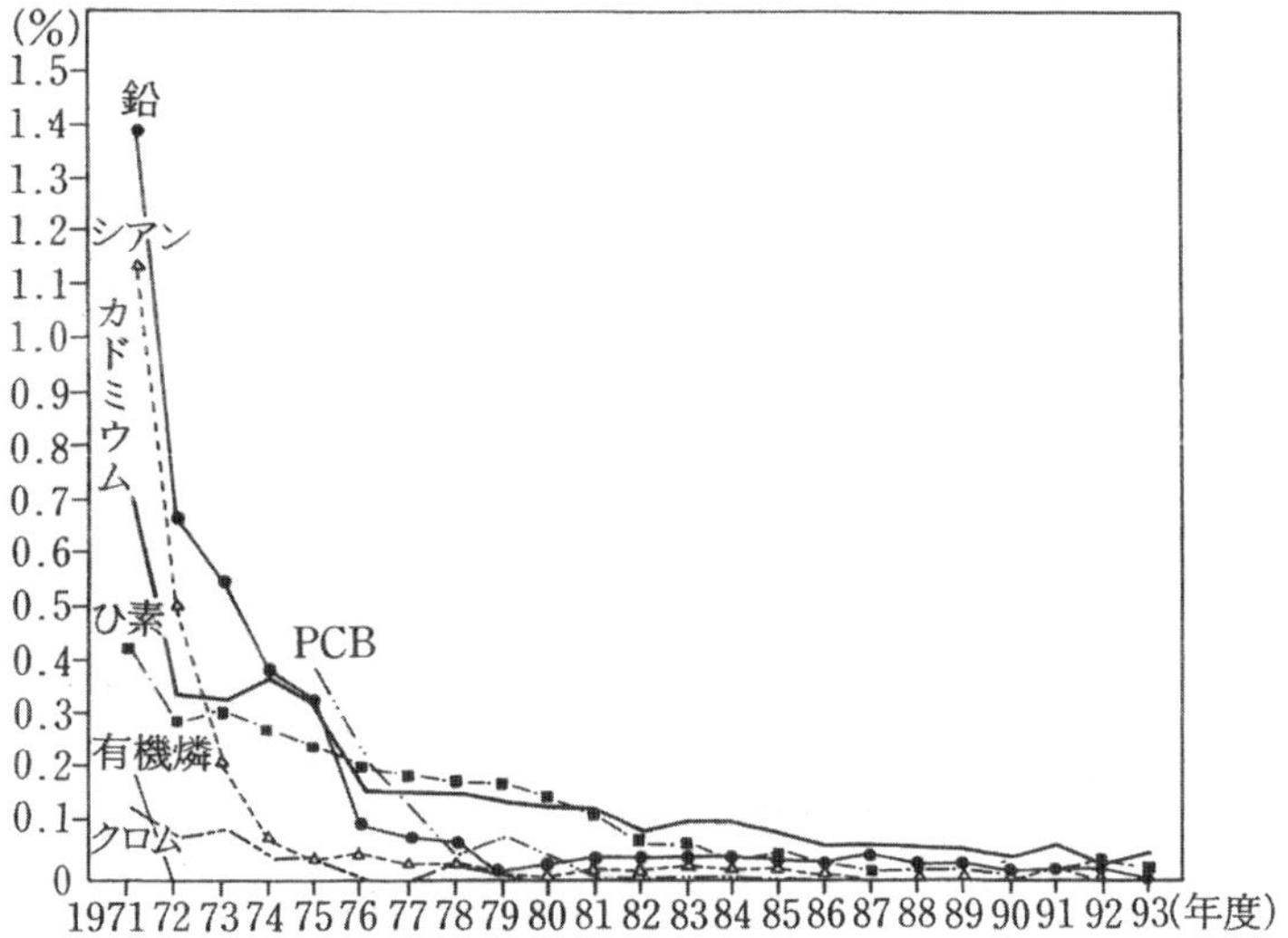

アルキル水銀は1971年度以来不検出.

図3-6　水質環境基準（健康項目）不適合率の経年推移

保存された食品（穀類やピーナツ）などから時々発見されることがあります。日本ではエイムズ・テストが広く行われ、食品の変異原性が調べられますが、このテストを提案したエイムズ博士は、「化学物質より天然物質の方が現実的には量的にも影響がずっと大きい」と述べています。

人類が古くから使っていた天然の鉱石、石綿ともいうアスベストは、蛇紋岩や角閃石が細い繊維状に変形したもので、直径が〇・一ミクロンもない極細の繊維物質です。アスベストは耐熱性、防火性、絶縁性、耐薬品性に優れた物質なので、建設資材、電気製品、自動車、船舶、家庭用品に広く使われてきました。しかし、空中に飛散した

有害物質	主な使用場所	人体への影響
カドミウム	顔料、光学ガラス製造工場	肺気腫、腎障害、肝障害をもたらしたり、また、歯ぐきに黄色の着色を示したり、嗅覚を失うような場合があります。
シアン	電気メッキ工場、熱処理工場	数秒ないし数分程度で中毒症状が現れ、頭痛、めまい、意識障害、けいれん等を起こし死亡することがあります。
鉛	顔料製造業、印刷工場	大量の鉛が体内に入ると急性中毒を起こし、腹痛、嘔吐、下痢、尿閉などが現れ、激烈な胃腸炎とその結果起こるショックのため死亡することがあります。
六価クロム	電気メッキ工場、顔料製造業、冷却水の腐食抑制剤	鼻炎、咽頭炎、鼻中隔穿孔、臓器障害などがあげられます。
砒素（ひそ）	金属精錬、殺虫駆除剤、染料、硝子製造、半導体製造	体内に蓄積されやすく、嘔吐、下痢、腹痛、腎炎の原因となり、接触すると皮膚炎や皮膚がんになる恐れがあります。
水銀	乾電池、無機薬品、計量器、合成触媒	無機水銀化合物を大量に摂取すると、歯ぐきが腐り、血便が出るなどの症状を示します。
アルキル水銀	農薬	疲労感、記憶力の減退、指・手足のマヒ、運動失調、視聴覚の障害を招きます。
PCB	絶縁油、熱媒体やノーカーボン紙溶剤	多様な皮膚障害、内蔵諸器の障害、ホルモンバランスのくずれ、末梢神経の伝達速度の遅延があります。
ジクロロメタン	溶剤、ウレタン発砲助剤、洗浄剤	肝臓障害、皮膚粘膜への刺激があげられます。
1.2 ジクロロエタン	塩化ビニルモノマー、樹脂原料、溶剤、洗浄剤	急性中毒症状として、頭痛、目まい、吐き気、下痢等を起こし意識不明になることがあります。
トリクロロエチレン	金属製品の洗浄剤、溶剤、低温用熱媒体	頭痛、吐き気、麻酔作用、肝障害をもたらし、発がん性物質である可能性が高いとされています。
テトラクロロエチレン	ドライクリーニング用洗浄剤、金属製品洗浄剤、フロンガス製造の原料	頭痛、吐き気、麻酔作用、肝障害をもたらし、発がん性物質である可能性が高いとされています。
ベンゼン	化学・薬品工業で溶剤、合成原料	大量に吸入すると急性中毒を起こし、頭痛、目まい、吐き気などが現れ、死亡することがあります。

表3-6　主な有害化学物質の人体への影響

石綿の繊維を長い期間大量に吸入すると、悪性中皮腫や肺がんや肺繊維症の原因となることがわかり、二〇〇〇年以降アスベストの使用は禁止されました。学校の教室の壁などにアスベストが使われていないかったかどうか、子どもの健康を考えて論議が起こり、石綿を長くとり扱っていた労働者に対してやっと補償がなされるようになったと記憶しています。

有害化学物質の悪影響の判断指標は、

1．発がん性 ／ 2．遺伝子障害性・変異原性 ／ 3．急性毒性 ／ 4．慢性毒性 ／ 5．生殖毒性 ／ 6．免疫毒性 ／ 7．蓄積性

などについて、動物実験、疫学的知見、臨床的情報を整理して判断します。

表3－6は、主な有害化学物質が使用される場所と、それらの化学物質の人体影響を要約して記したものです。物質の影響は投与量ないし摂取量で決まります。重金属でも微量なら人体に有益な作用を持つ物質は7章で述べるように多数存在します。情報過多の時代ですが、まともな情報を正しく理解し判断しましょう。

(4) 放射線の人体への影響

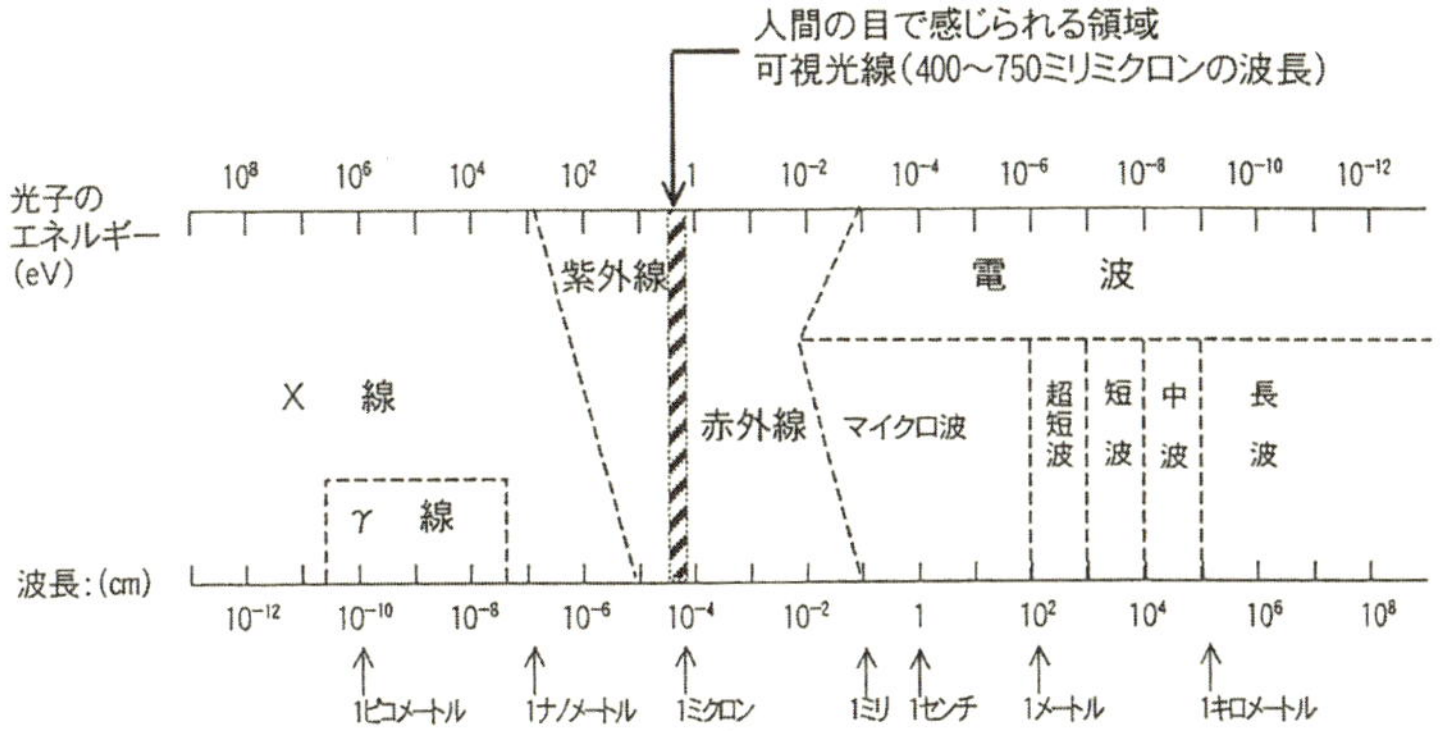

図3-7　可視光線とさまざまな波長を持つ電磁波

1　放射線と私たち

放射線とは、光と同じようにエネルギーを持った空間を走る粒子や波の流れです。エネルギーを持った粒が飛ぶといえば、ボールが空中を飛ぶイメージですが、この粒子は大きさが約一兆分の一ミリメートルという超ミクロな（非常に小さな）もので、ある時は一つ一つの粒のように、ある時は連なる波のように行動するのです。

宇宙には長周波の電波からごく波長の短いガンマ線までさまざまなエネルギーを持つ電磁波が飛び交っています。放射線も光も放送に使う電波も、波の波長が異なる電磁波の一種です。図3-7に示すように、人間の眼は、ある決まった波長の波（可視光線）だけを感じ取ることができ、放射線や放送波は人間の眼には見えません。

放射線は可視光線にくらべ波長が小さく比較的大きなエネルギー密度を持っているため、大量ならば人間を傷つけたり、物質の構造を変えることができます。私たち生命体は、放射線の飛び交う宇宙のなかで進化してきたので、少量では影響のされ方はさまざまです。

日常使われる放射線には下記の四種類があります。

アルファ線：ヘリウムの原子核（陽子二個と中性子二個でできている）の流れで、狭い範囲で物質をイオン化させる力が強い。紙一枚で吸収され、透過性はない

ベータ線：電子の流れで、物質中を通過する時に周囲をイオン化するが、生体中の飛程は数ミリにすぎない

ガンマ線：比較的高いエネルギーを持った波長の短い電磁波で、物質を透過する

エックス線：可視光線より短い波長を持つ電磁波で、物質中を通過したり、散乱吸収されたりする性質を利用して、人体や機械などの内部を写真撮影するために使われる

放射線の量を表す物差しは、次の囲みに示すグレイGyと、シーベルトSvの二つの単位があります。グレイは物に当たってどれだけ放射線が吸収されるかを示す「吸収線量」で、シーベルトは放射線に当てられた人への影響度を加味した「実効線量」です。一方、放射性物質とは放射線を出す物質のことで、昔は「放射能」と言っていました。放射性物質は、ベクレルBqという単位で測り、どれだけ放射線を出す能力があるかを示す量です。

放射線に関する単位

◆放射性物質（放射能）の量　ベクレル（Bq）

一ベクレル＝一秒間に一個の放射性壊変が起こる放射性物質の量

◆放射線の吸収線量　グレイ（Gy）

一グレイ＝放射線が物質に作用した時の物質に与えられたエネルギーの吸収密度で、物質一キログラムあたり、一ジュールのエネルギー吸収が生じる放射線の量

◆放射線の実効線量　シーベルト（Sv）

同じ放射線の吸収線量であっても、放射線の種類やエネルギーや当たった臓器が異なると、生物への影響は異なる。これを規格化するため、上記の吸収線量に放射線荷重係数WRを掛けて等価線量を求め、これに生体の臓器別の放射線感受性を加味した組織荷重係数WTを掛け合わせて主要な臓器について足し合わせることで、全身への放射線の生物影響評価線量を計算する

◆大きな量や小さな量を一〇〇〇倍ずつ区切って簡単に表す方法

例　〇・〇〇一シーベルト＝一ミリシーベルト＝一mSv（公衆の一年間の放射線防護基準）

三七、〇〇〇、〇〇〇、〇〇〇ベクレル＝三七〇億ベクレル＝三七ギガベクレル＝三七GBq（昔の単位で約一キュリー）

エクサ	E	1,000,000,000,000,000,000	10^{18}
ペタ	P	1,000,000,000,000,000	10^{15}
テラ	T	1,000,000,000,000	10^{12}
ギガ	G	1,000,000,000	10^{9}
メガ	M	1,000,000	10^{6}
キロ	K	1,000	10^{3}
		1	1
ミリ	m	0.001	10^{-3}
マイクロ	μ	0.000 001	10^{-6}
ナノ	n	0.000 000 001	10^{-9}
ピコ	p	0.000 000 000 001	10^{-12}
フエムト	f	0.000 000 000 000 001	10^{-15}
アット	a	0.000 000 000 000 000 001	10^{-18}

表3－7　単位の接頭語

放射線は極微の原子の世界から発生してくる現象なので、その量の拡がりは極微から膨大な量まで何桁にもわたる大きな拡がりがあるため、表3－7に示すように、小さい方はミリ、マイクロ、反対に大きい方はキロ、メガ、ギガなどの接頭語を使って量を示します。図3－8は人がさまざまな目的で放射線を利用し、被曝する場合の放射線の量の九桁にもわたる大きな差と影響の拡がりを示したものです。特にベクレルは一秒間に一個の原子核が崩壊する極微の世界を基本単位としているので、観測する数値はメガ、ギガなど大きな数を示す接頭語がでてきます。

人体は極微の眼でみれば、原子という粒の集まりが規則正しく積み重なり、蛋

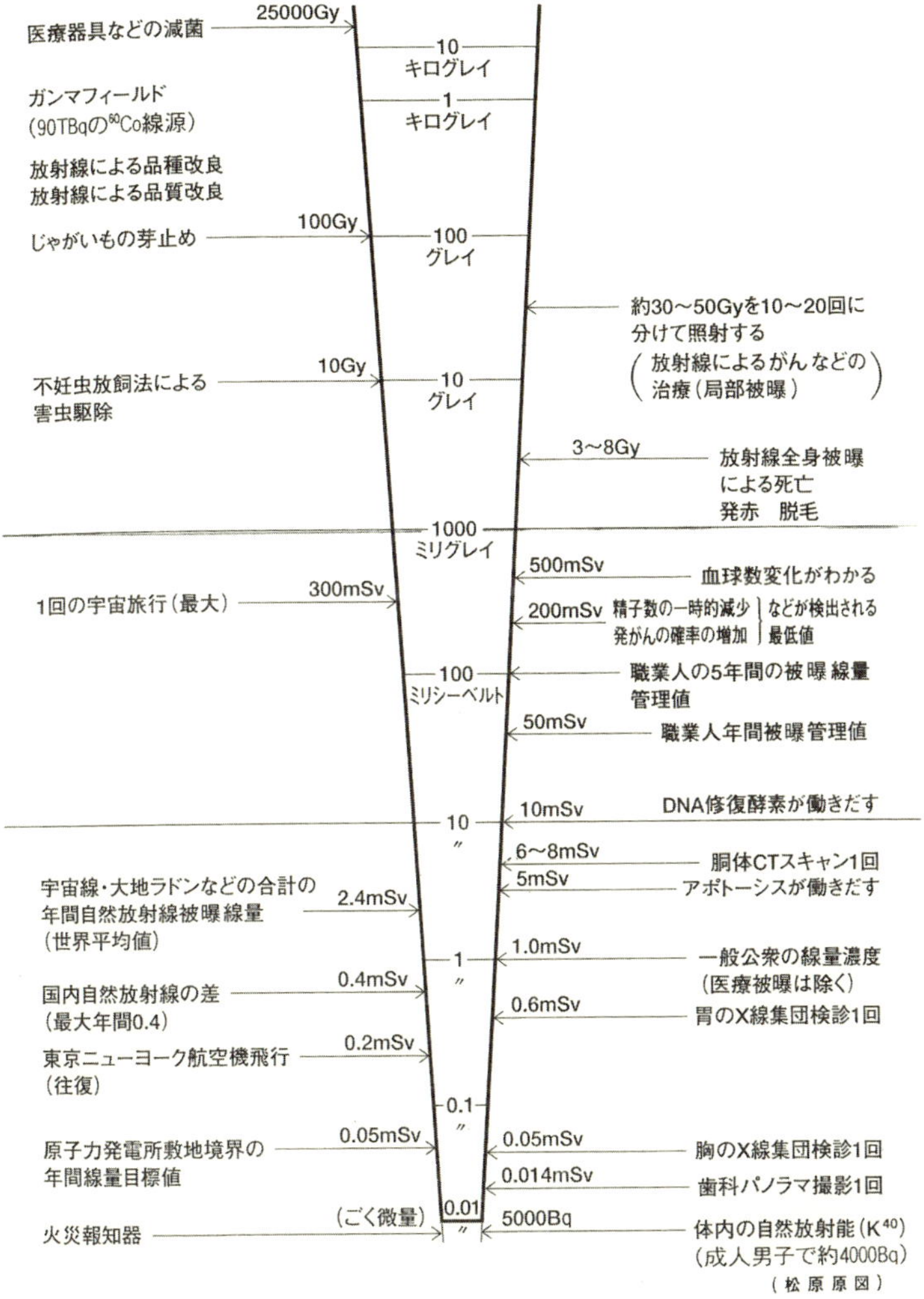

図3-8　放射線の利用(左)と放射線被曝(右)における放射線の量の拡がり

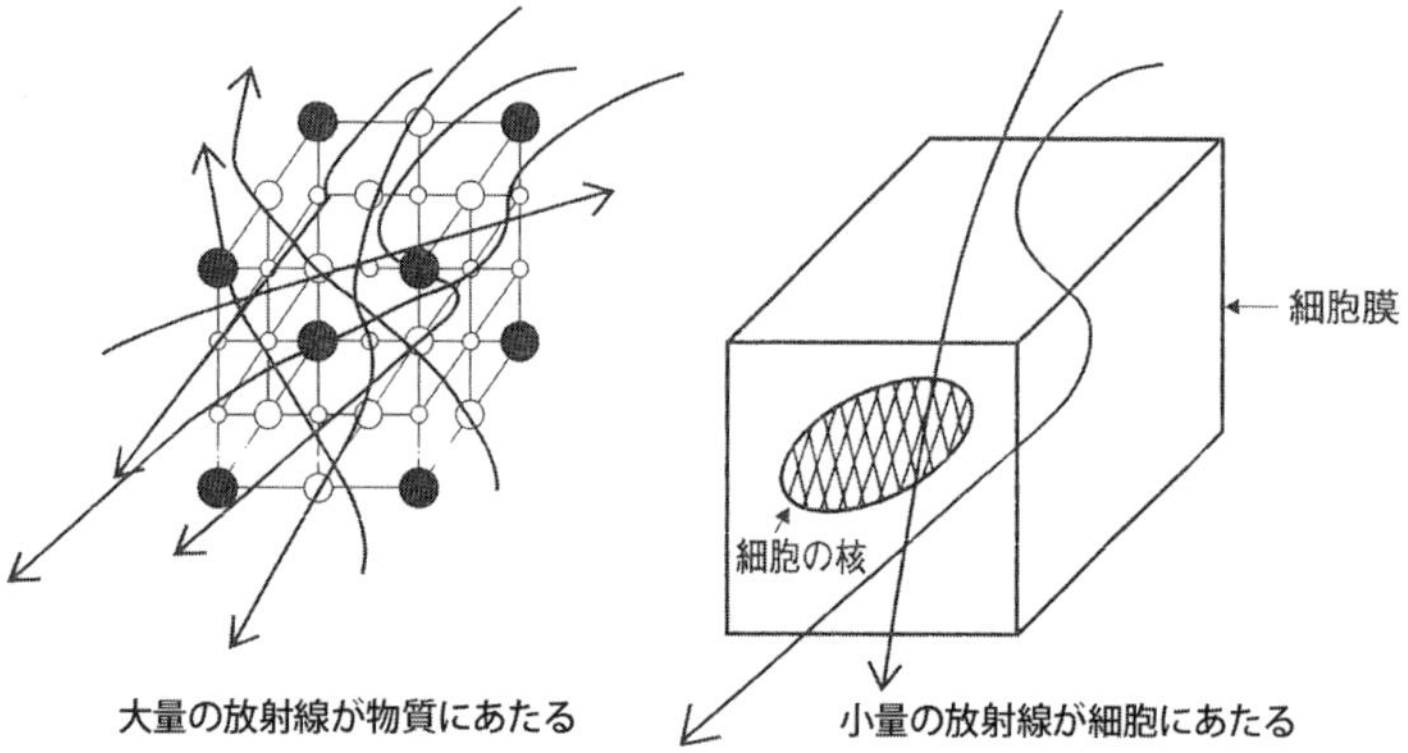

図３‐９　放射線と物質の相互作用イメージ

白質や核酸（ＤＮＡ）などの生体を構成する物質が細胞の成分として組み込まれています。それらは生命の働きの基本的区画である細胞に形づくられ、数十兆個もの細胞が集まって人体が構成されています。そのスケスケの分子の中を放射線が通りぬけたりぶつかったりすると何が起こるのでしょうか（図３‐９参照）。

　私たちはラドン、宇宙線、大地、食品等を介して、自然放射線を年間約二・四mSv、および医療を介して、平均一・七mSv、合計年間約四mSv日常被曝しています。

　わが国の、放射性物質を取り扱う実用発電用原子炉施設での放射線業務従事者の年間の平均被曝線量は、一・二mSvです。近年は、診断等での医療被曝（例えばＣＴ一回で約七mSv、Ｘ線撮影で〇・〇五―〇・六mSv）、航空機旅行（東京・ニューヨーク往復で約〇・二mSv）、宇宙飛行（向井、毛利一―三mSv／日、最大四〇〇mSv／六ケ月）など、人工的被曝の機会もどんどん増えています。とくにＣＴ（コンピューター断層撮影）やＰＥＴ

（陽電子放射断層撮影法）を用いた診断、治療など、放射線の医学利用の恩恵が拡がる一方、先進国では公衆の医療被曝や航空機利用による日常の放射線被曝が増加しています。

2　大量の放射線被曝による人への傷害

放射線の人への影響は放射線の線量によって大きく異なります。放射線の影響は図3－8に示したように、線量に応じてさまざまな傷害が現れ、障害の程度は線量に比例して重篤となります。被曝した放射線の線量が非常に大きければ即死します。平成一一（一九九九）年に発生した東海村のウラン加工工場での臨界事故で、約一九グレイ被曝した方は約三ヶ月後、六－一〇グレイ被曝した方もその後亡くなられた事実は私の頭から離れません。

次に大切なことは、放射線を全身に被曝したか、身体の一部だけ被曝したかで人体への放射線の影響はまったく異なります。がんの治療に放射線が使われるのは、病変のある局部のみに限局して放射線を部分照射することができるからです。

大量（約一グレイ以上）の放射線が身体全身に当たると、被曝して半日から二週間以内に皮膚の発赤、悪心嘔吐、下痢、脱毛などの、眼で見て分かる症状が現れます。線量が多ければ多いほど症状は強く早く現れます。被曝した後で、医学的検査で白血球減少などを目じるしとして、目に見える影響がつかまえられるのは〇・五グレイ以上の被曝の場合です。精子の数の一時的減少や一部の細胞の染色体の突然変異はこれよりも低い線量でもみられます。しかし、染色体変異イ

放射線影響	被曝部位	しきい値*
白血病	赤色骨髄	0.05〜0.2Gy
肺がん	肺・気管支	〃
乳がん	乳腺	〃
甲状腺がん	汚染された食物から放射性ヨードが甲状腺に集中濃縮する	〃
遺伝的影響	精巣／卵巣（若い年齢）	0.1〜0.2Gy
不妊	精巣／卵巣（若い年齢）	2.5〜6Gy
奇型	胎児（胎齢2〜8週）	0.1〜0.2Gy
精神発達遅滞	胎児（胎齢8〜25週）	0.12〜0.2Gy
白内障	水晶体	<5Gy

*その値以上で発現が報告されている。
（がんや白血病の場合は不確実性を伴った値を示す）

表3－8　放射線影響と被曝部位の関係

コール発がんではなく、発がんするまでには複雑な因子のからみと過程があります。

また、表3－8に示すように、放射線に敏感な臓器（たとえば生殖器）や人（胎児、小児、妊婦など）があるので、それらは放射線防護上、充分に考慮されるべきです。

3　低線量放射線の人体影響

低線量放射線とは、通常発がんなどが証明されにくい〇・二グレイ以下（二〇〇ミリシーベルト以下）の放射線をいう場合もありますが、生物影響が非常に証明されにくい一〇〇ミリシーベルト（〇・一グレイ）以下の放射線を言う方が一般的です。低線量放射線の影響については、今まで人々が図3－10に示すような、放射線→DNA切断→突然変異→発がんの簡略な図式を信じ、同時にどんな微量でも放射線を受けると線量に比例して傷害を生ずる（これをいわゆる、「しきい値なしの直線影響仮説（LNT仮説）」といいます）という考え方が人々に広く行き渡りました。そ

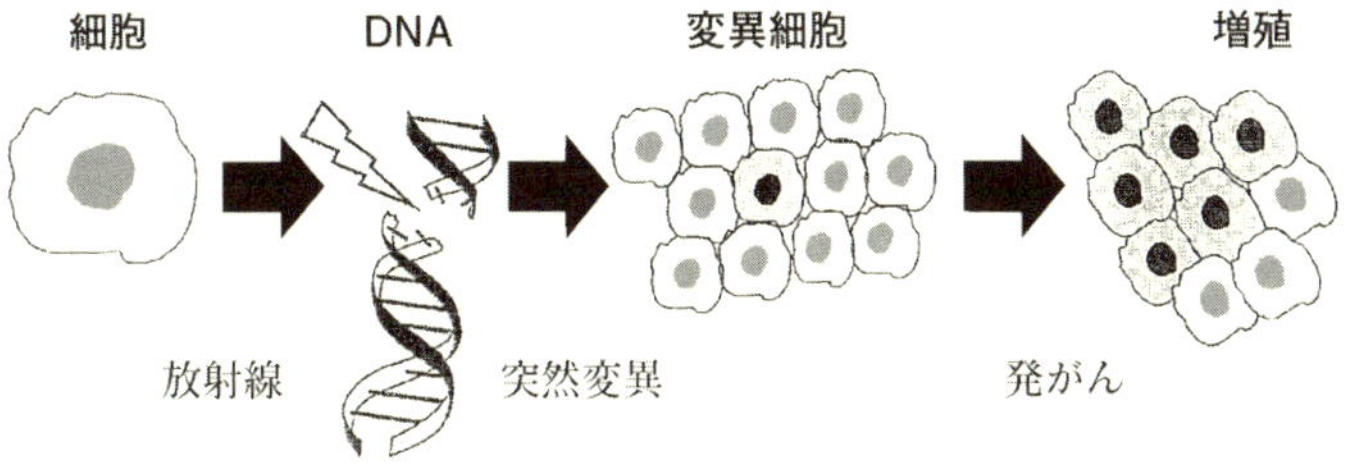

図３－10　放射線影響の古い考え方

れは無用な放射線被曝は避けるという放射線防護の立場から採用された仮説であって、過去にはこの仮説を事実のように説明する専門家もいたせいです。

低線量の放射線の人への影響の実態を直視すると、被曝した放射線の線量が比較的少ない（〇・二グレイ以下）場合は、影響はすぐには現れず、全員ではなく少数の人に、長い年月（数年から一〇—二〇年後）を経て、白血病やある種のがん（甲状腺がんや乳がんなど）の発生が増加するというかたちで現れます。専門用語でいえば「低線量の放射線影響は確率的影響で、発がんリスクのわずかな増加である」ということになります。どれくらいの量の放射線に当たると、どれくらい発がんの危険が増えるかは、広島・長崎の八万六〇〇〇人の被曝生存者の二五年以上にわたる疾病統計調査によって次第に明らかにされてきました。人は放射線に被曝しなくても、通常日本では、ほぼ三人に一人（約三〇％の人）が、がんで死亡しますが、人為的に放射線に当たったために発がんが増加する分、すなわち、放射線によるがんの過剰発生分は、もし一シーベルトの全身被曝をすれば、約六％発がん確率が増加すると推定されました。たとえば、一〇ミリシーベルト余分な被曝をすれば、がんになる確率が〇・〇六%増加すると計算され、約三〇%のバックグラウンドにそれが足されことになりますが、その値が小さいため、一〇〇ミリシーベルト以下の被曝では、どんなに調査数を増やしても、その差はバラツキの間に隠れて、対照群との差を統計的に検出することは不可能と思われます。

発がんに関与するのは通常の大多数の細胞ではなく、特定の組織の細胞の子孫を生み出す能力のある幹細胞だと思われます。以前から発がんにはイニシエーション（開始期）とプロモーション（促進期）の二段階があるといわれてきました。しかし新しい知見では、細胞集団の中で変異を受けやすくなった細胞が、分裂したり成長していく際に、さらに六ないし七つの段階を経て悪性化し、発がんに至ると考えられています。それらの細胞は、発がんまでの数年から一五年以上にわたる促進期の段階で、周辺の細胞と共に、生体が生き延びるための絶え間ない代謝活動のなかで、宿主が生命維持には好ましくないストレスの多すぎる生活を続け、周囲からもたらされるさまざまな後発的原因によって、細胞の遺伝子が次々と通常の生理機能を失うと図3-11に示すような好ましくない性質を現すようになり、がん化してしまうのではないかとR.A.ワインバーク教授は提示しておられます。

以上のことから、線量に比例して多く重い影響が発生する大線量の場合とは違って、低線量の放射線による個体の発がんはランダムな突然変異によるというよりも、図3-12に示すように身

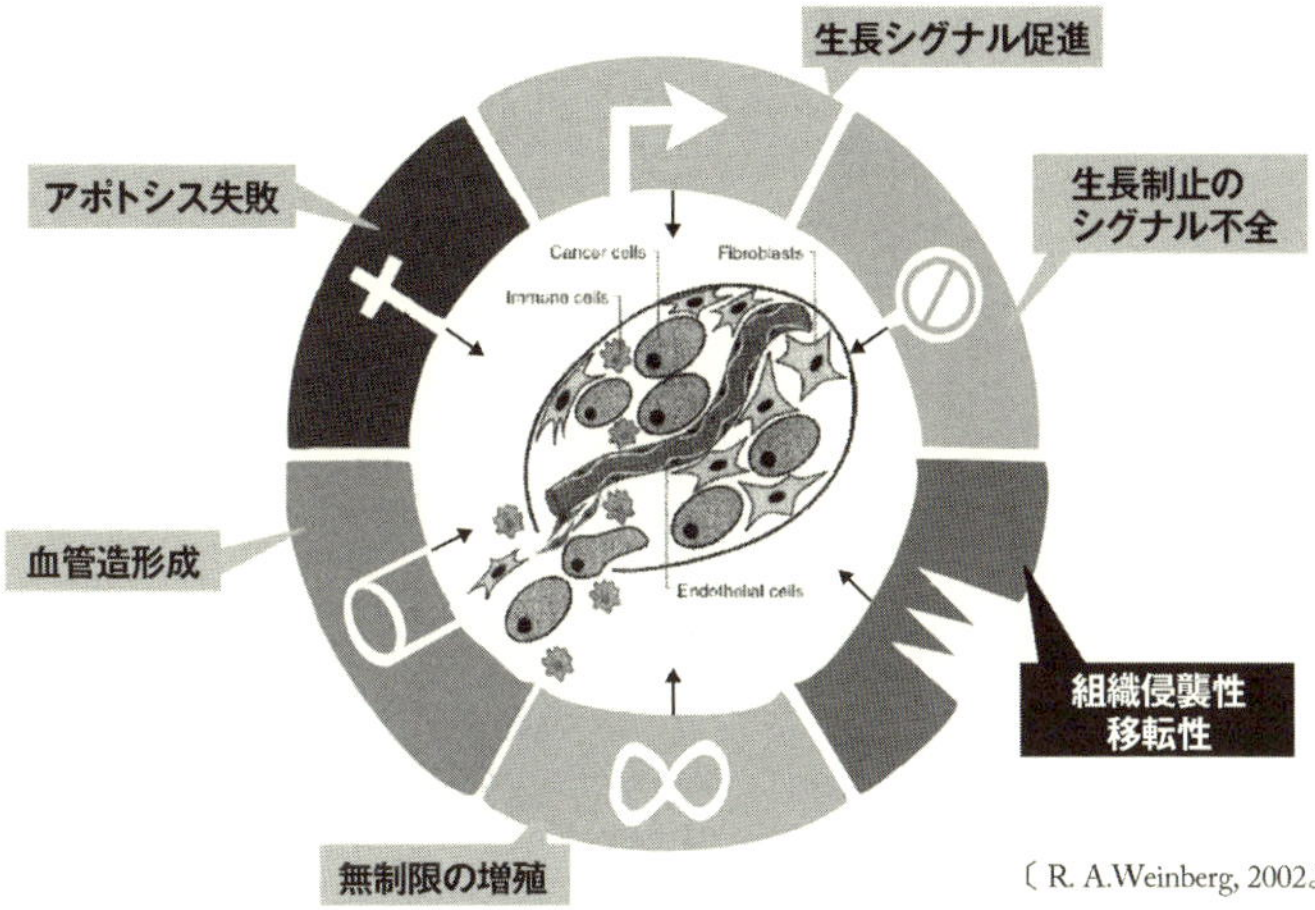

〔R. A.Weinberg, 2002より〕

図３－11　発がんに向けての後発的要因

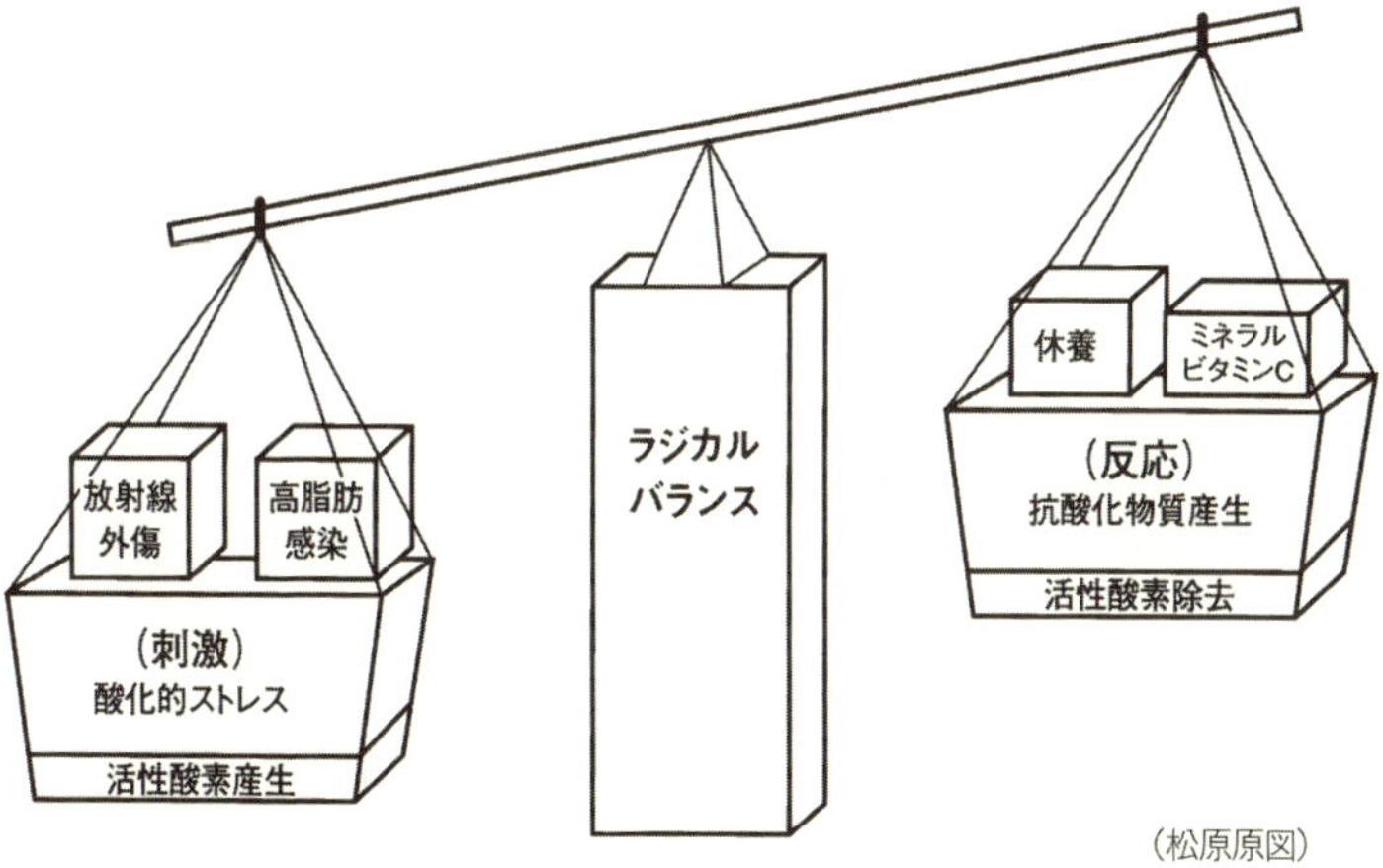

（松原原図）

図３－12　生体が受ける刺激と反応

体の自然に備わった防御力と放射線を含む他の因子も含めたストレス因子との相互作用のなかのラジカル・バランスで定まるのではないかと考えるべきだと私は思います。

微量放射線その他微量有害物の影響を最少にするためには、私たちの身体の持ちまえの防御機能を健常に維持することが大切で、日常から健康なライフスタイルづくりを心がけ、自身で築き、かつ維持する絶え間ない努力が必要です。将来的には、放射線被曝が想定される時には予め温和な抗酸化剤等（ビタミンC，硫黄や亜鉛等を含む食物等）を飲用するなど、リスクを避けるために、さらに積極的な放射線防護ができる時代の到来も夢ではないと思います。

4　低線量放射線影響に関する疫学調査と発がん等のリスク評価

人間の集団を対象とする疫学調査の結果は、放射線を含む環境因子が最終的に人にもたらした事実を検知する上で大変貴重です。以下にこれまでなされた国際的に重要な疫学調査の結果について要点のみを記します。

広島長崎：対象は原子爆弾に急性被曝した後、五年以上生存した八万人を五〇年以上追跡した調査結果で、

☆過剰リスクは白血病の相対リスク4／Sv、甲状腺がん、乳がん、全がんは1.2／Sv　☆一八二九人の胎児（二〇週内）被曝者中ほとんど小児がんは発生しなかった。（高線量からの外挿で三

六人の小児がん発生が予測されたが、事実は一人の肝がんと一人の Wilms 腫瘍のみだった。）
チェルノブイリ：対象は石棺作業者約七〇万人中二〇万人（＊）が三〇㎞内で平均100mSv被曝、避難住民一三万五千人平均10mSv被曝、卑近汚染地域住民（SCZ内住民）二七万人（＊＊）が平均生涯線量50mSvの内部被曝、その他の汚染地域住民は、ロシア、ウクライナ、ベラルーシ三国で六四〇万人が5―16mSvの蓄積線量を受けた。
☆推定生涯過剰がんリスクは前記（＊）で四一五〇〇人の自然発生がん中の二〇〇〇人、前記（＊＊）では四三三〇〇〇人の自然発生がん中の二五〇〇人で疫学的検出は困難である。
☆白血病は二〇万人（前記＊）中、一〇年で約一九〇人の発生が予想され、その内一五〇人は放射線被曝によると推定され、検出は可能であろうが、センサス上の問題がある。確実なことは、小児甲状腺がんの発生の増加で、事故四年後から三国で二〇一〇年までに合計約六〇〇〇人の患者が登録され、それまでに一五人が死亡した。
放射線作業者：対象は数ケ国の低線量ガンマ線職業被曝者（平均蓄積線量40mSv／人）九六〇〇〇人、長くて二五年の追跡。結果はだいたい広島長崎の評価の枠に入る、包絡因子、線量依存性の検出が重要で、今後も続く一七ケ国六〇万人の調査結果が待たれる。
高バックグラウンド放射線地域住民の疫学調査：中国の自然放射線が三―五倍高い地域住民一二万人の疫学調査で、悪性腫瘍や致死性の疾患の発生が対照地域住民と差がなかった。
その他：マヤクでのPu作業者、テチャ川周辺の住民、セミパラチンスク核実験後の住民の被曝評価が課題となっている。

以上でわかることは、一〇〇mSv以下の低線量の放射線による過剰発がんの検出は大集団の長期的調査でも困難であり、胎児への遺伝的影響はみられなかったということです。

放射線影響で特徴的なのは白血病であり、相対リスクは1Sv当たり四倍の発症です。また成長ホルモンを出す甲状腺のがんがチェルノブイリ事故後の汚染地域の小児に多発しました。ヨードは甲状腺ホルモンの成分元素であり、成長期の小児の甲状腺に高い集積を示します。事故直後に核分裂生成物である放射性ヨードが放出されて、汚染地域の牛のミルクなどを通して子どもの体内に放射性ヨードが摂取されたものと思われます。しかし、それ以外の臓器のがんの過剰な発生はチェルノブイリ事故後でも検出しにくい状況でした。線量率にもよりますが、自然放射線レベルの範囲内の低い線量の過剰被曝については、単純な線形外挿と住民の総数の掛け算で発がん者数を推定することは当を得たものではありません。

こうした諸情報がありながら、放射線影響を予測するにあたっては、専門家の間で放射線傷害に関する分子や細胞レベルのミクロな研究情報は尊重されていますが、生きた個体における放射線影響や防御の全体像を考え、疫学的な調査の結果とつなげる議論が不足しています。低線量の放射線影響、すなわち「発がん」は、食生活や個人のライフスタイルに関係する部分が大きいため、今後はそれらにも注意を払った疫学調査や人々の努力が望まれます。

(5) 自然災害による死亡

私たちの健康や生命を脅かす原因として、感染症（伝染病）、戦争や化学物質および放射線による有害影響について述べましたが、このほかに問題とすべきは、自然災害や人が起こす事故、職業上の災害、および日常習慣がもたらす危険についてです。

自然災害とは、地震、火山噴火、気象、地すべりなど、自然災害によって人のいのちや人の社会的活動に被害を生ずる現象です。日本の法令では「自然災害とは、暴風、豪雨、豪雪、洪水、高潮、地震、津波、その他の異常な自然現象により生ずる被害」と定義されています。

これまでの大きな自然災害による死亡例（ただし網羅してはいない）をあげると、

関東大震災　一九二三年　主に火災による焼死　約一〇万五〇〇〇人死亡
青函連絡船洞爺丸の沈没事故　一九五四年　一一五五人死亡
阪神・淡路大震災　一九九五年一月一七日　六四三四人　家屋の下敷圧死
　約一〇兆円の被害　負傷四三七九二人　不明三人　避難者一万人
東北地方太平洋沖地震　二〇一一年三月一一日　一五八四四人死亡
　不明三四五〇人

（M＝九・〇　震度＝七）　六〜二五兆円の被害、その後の津波で一五〇〇〇人が死亡。
さらに、平成二六年四月までに災害関連追加死亡者が三〇〇〇人追加と報道
四川大地震　二〇〇八年　六九〇〇〇人死亡
ハイチ大地震　二〇一〇年　約二二万人死亡、後に三一万六〇〇〇人以上と発表された
ネパール地震　二〇一五年　九〇〇〇人以上死亡
バングラデシュ　サイクロン　一九七〇年、一九九一年他で　三〇〜五〇万人死亡
その後、少しずつ防災避難対策が進み、被害は毎年五〇〇〇人程度に減少
ミヤンマー　サイクロン　二〇〇八年　約一〇万人以上死亡
フィリッピン台風　二〇一三年　六二〇〇人以上死亡、一七〇〇人以上行方不明、四五万戸

倒壊

日本は世界有数の地震国です。私たちは関東大震災、新潟地震、阪神・淡路大震災、今世紀にも東北地方太平洋沖地震（東日本大地震）と、誰もが複数の地震を経験しています。関東大震災では約一〇万五〇〇〇人、阪神・淡路大震災では約六五〇〇人以上の人が死亡しました。

図3－13、図3－14は日本で発生する海溝型地震の発生確率と、活断層と地震の発生確率を専門家が示したものです。二〇一六年六月には、国の地震調査研究推進本部によって図3－15に示すような全国地震動予測地図が作成され発表されました。

今後三〇年以内に「建物の倒壊が始まるとされる震度6弱以上の大地震が襲来する確率は、日

本全国どこでも七〇％程度はあると予測されています。すなわち、各地の主要都市、例えば、札幌市〇・九％、仙台市五・八％、千葉市八五％、東京都四七％、横浜市八一％、水戸市八一％、静岡市六八％、名古屋市四五％、大阪市五五％、津市六二％、高知市七三％、福岡市八・一％などです。

しかし、地震が発生する時刻、場所、規模を特定することは依然として不可能です。ちなみに国や地方自治体は、東京都の例でいえば、総合危険度や地域危険度マップ（例えば図3-16）を公表しています。その他、かなり細かいのでここには載せられませんが、ぜひご覧になってください。

産業活動の発展によって、二〇世紀の後半から二酸化炭素の全地球的増加と気候の温暖化が危惧され、地球の各所で、気象現象の変化が極端になることが心配されていました。この事象に呼応するかのように、図3-17に示すように、前世期から今世紀にかけて世界の自然災害が増加し、影響の規模が極端になり始めました。

日本では自然災害死は次節で述べる労働災害よりは一～二桁低い確率で発生しますが、地域により大差があり、近年は地球温暖化の影響もあり、大雨や暴風による自然災害が今後増えるのではないかと懸念されています。地球温暖化については9章で解説します。

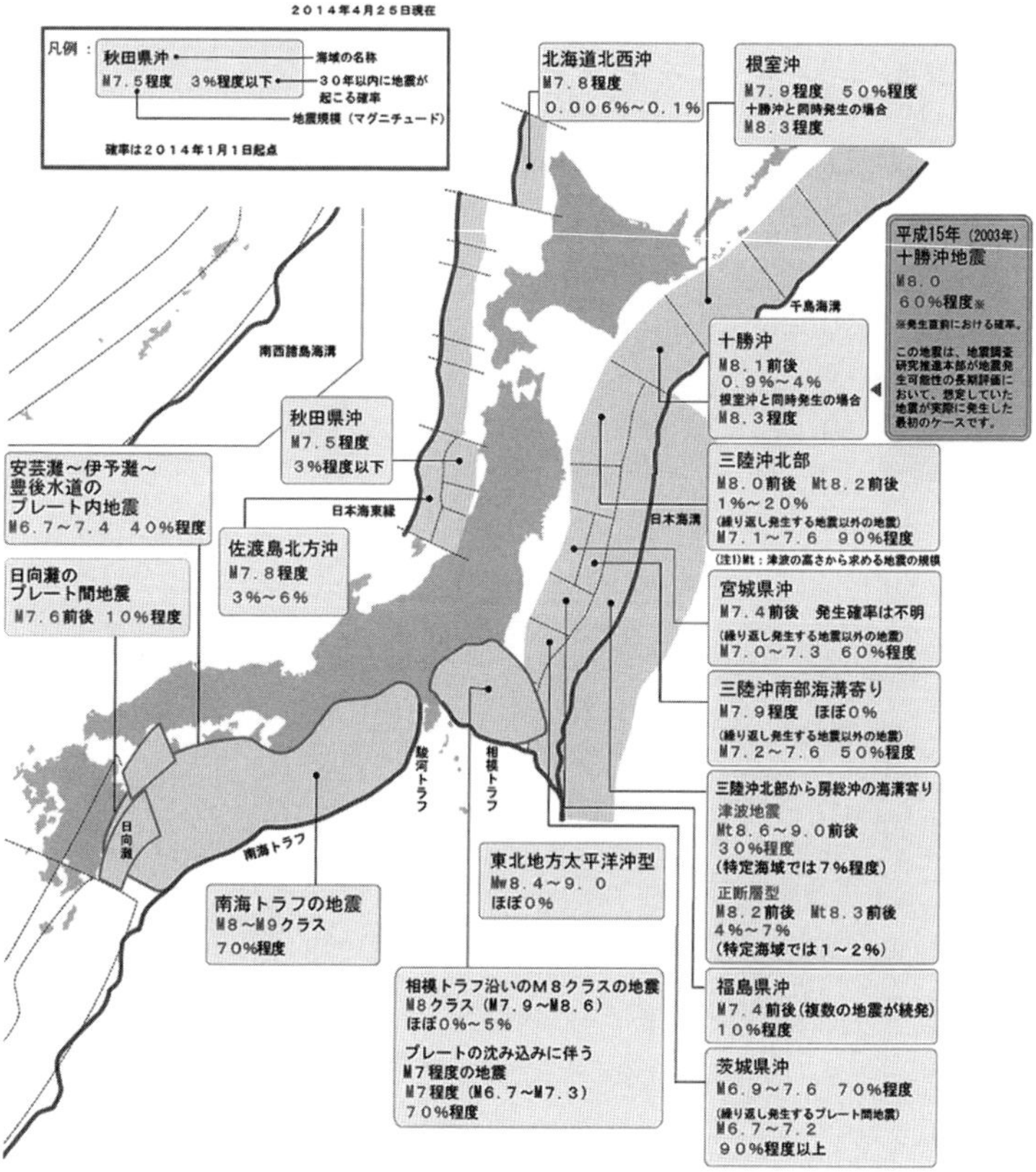

図３－13　日本の海溝型地震の発生確率一覧

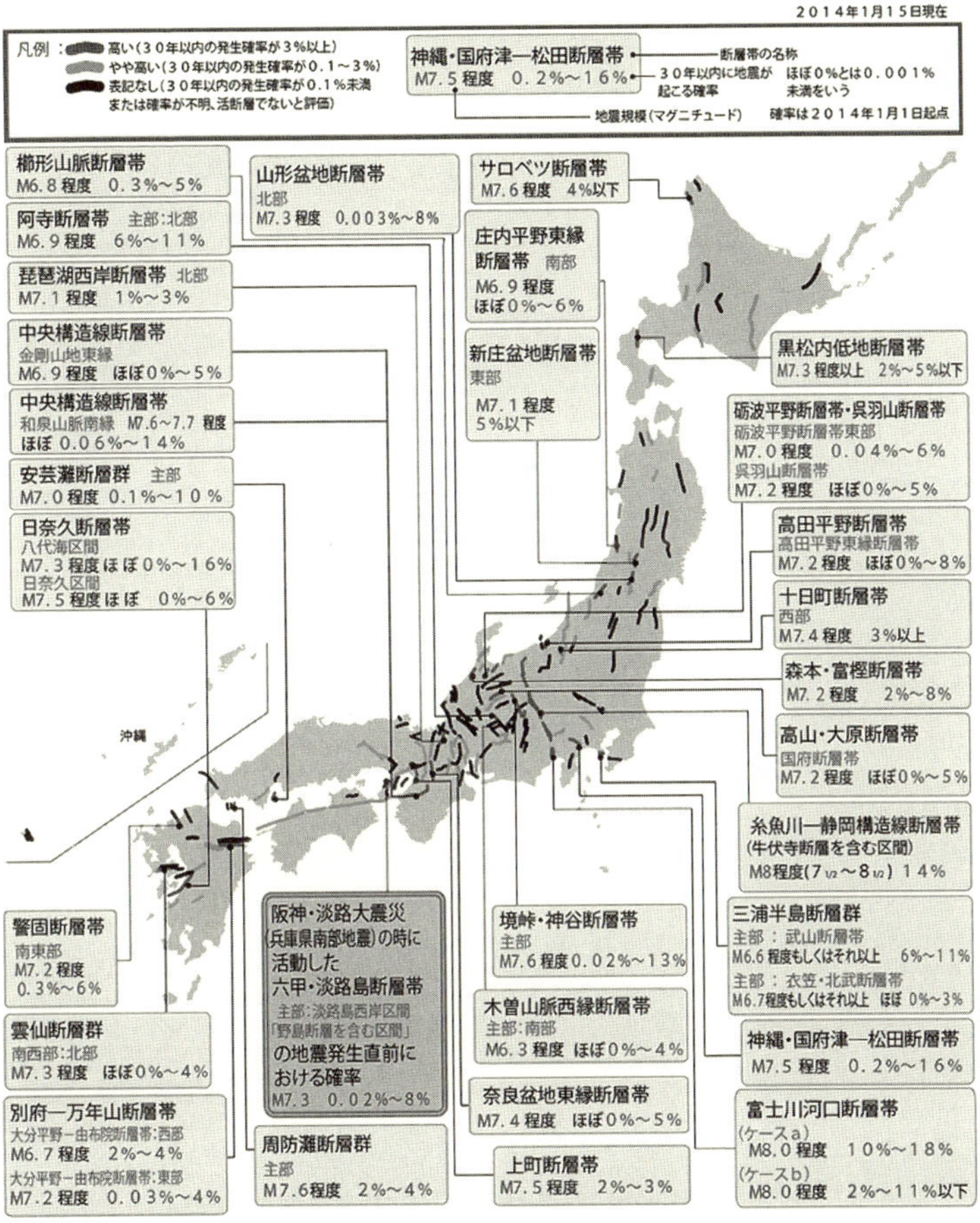

図3-14　日本の活断層と地震発生確率一覧

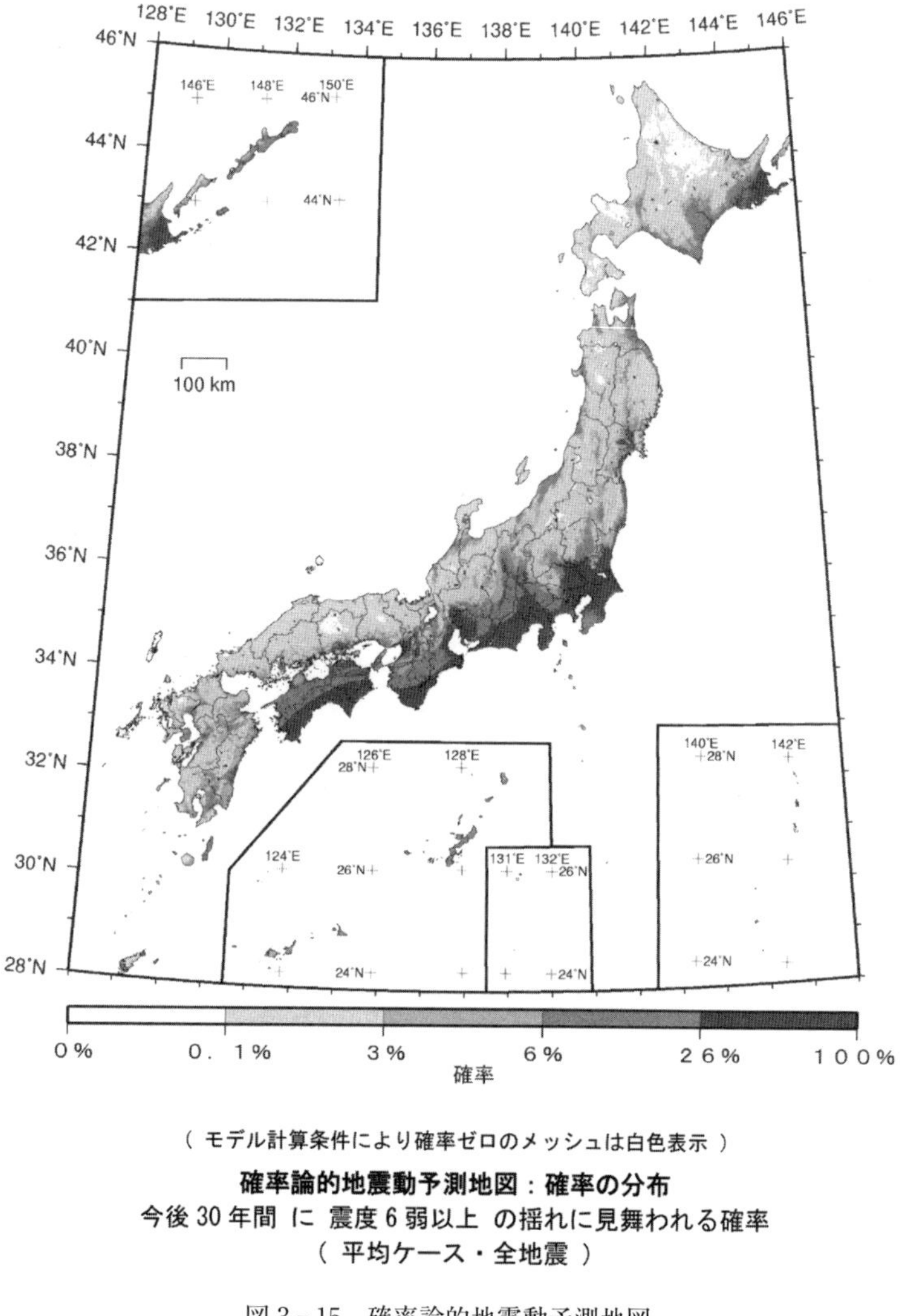

図3－15　確率論的地震動予測地図

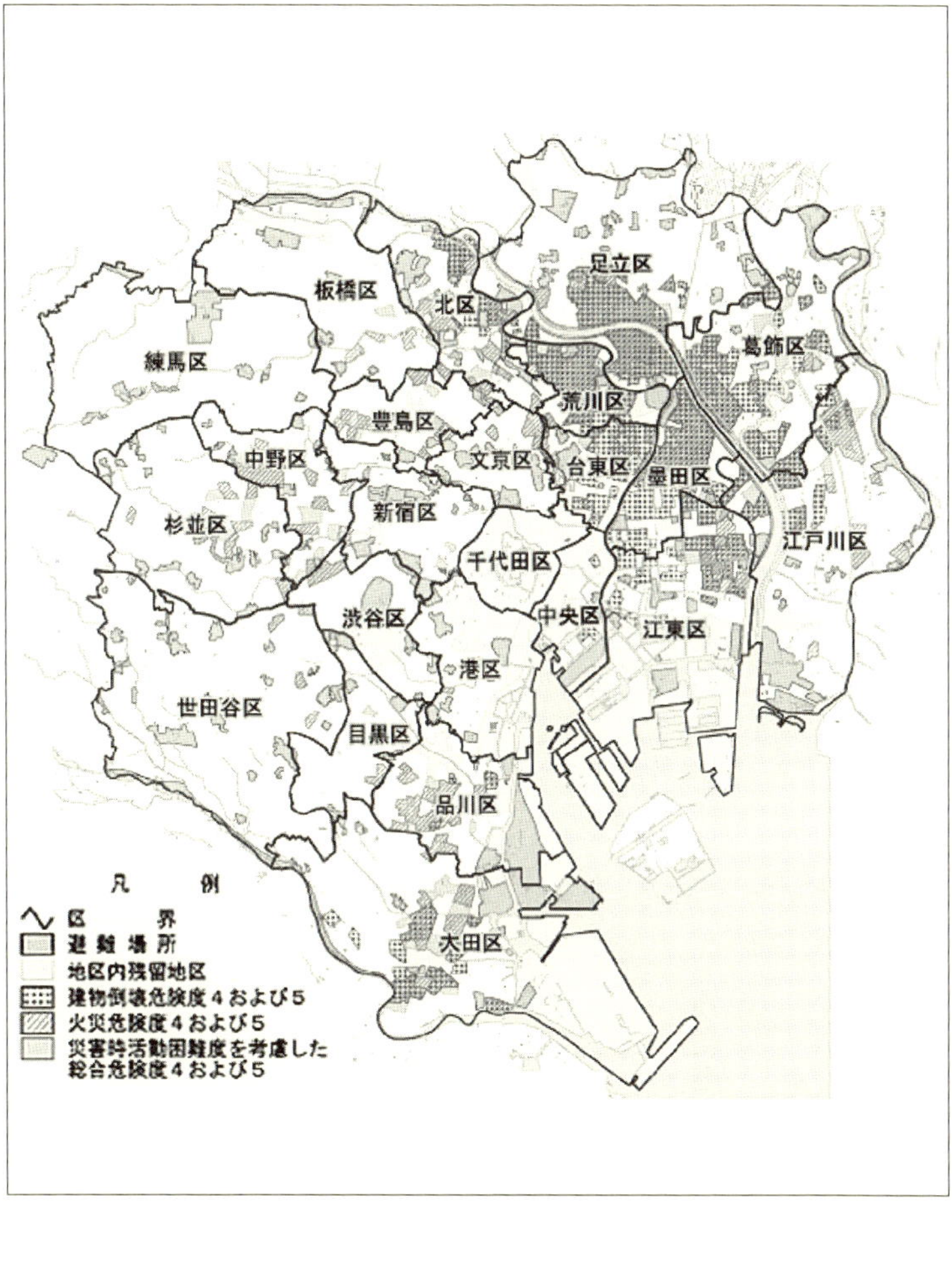

図３-16　地域危険度マップ（東京23区）

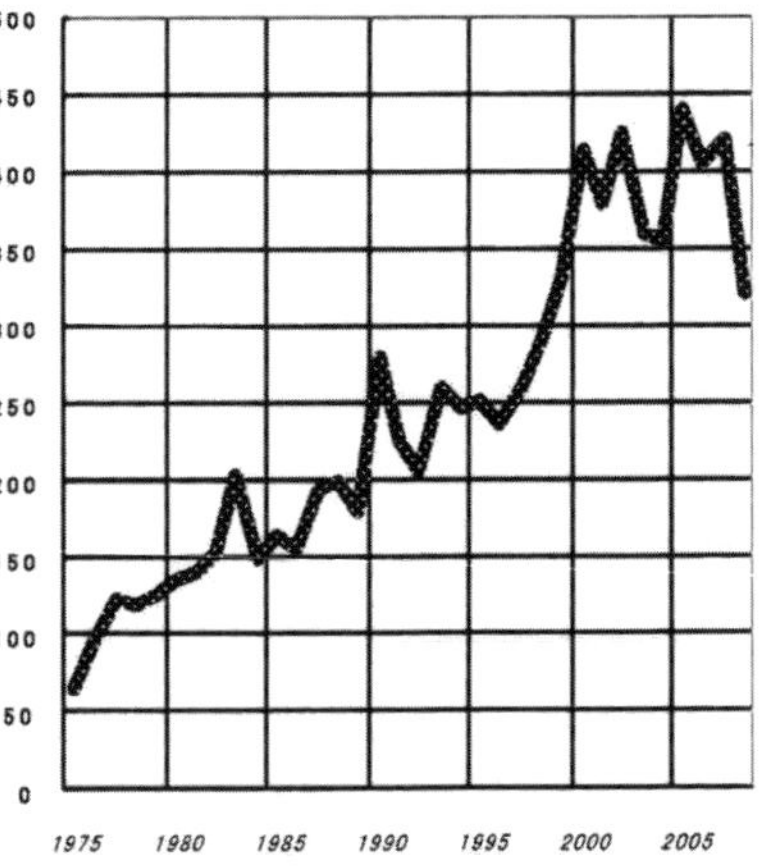

図３－17　1975年以降の年間世界自然災害発生件数の推移

(6) 人為的災害（事故）

人為的災害の最たるものは、日常的に発生している交通事故です。表３－９は事故の種類をリストアップし、具体的説明を示した事故一覧です。「事故は忘れたころにやってくる」という諺がありますが、過去に起こった事故の一つ一つを時々思い起こして、具体的にチェックしてみることこそ、事故防止の最も有効な手立てです。以下に過去に起きた大きな人為的事故について、想起すべき要点を記しておきます。

交通事故：道路における自動車、自転車、歩行者などの間で発生する道路事故が多いですが、広くは鉄道事故、航空事故、船舶事故も含みます。図３－18は交通事故件数や死者数の国際比較図です。国際的にデータが公表されていない国々では、さらに事故が多い場合も考えられるので、厳密な国際比較図ではありません。

図３－19は日本における交通事故件数の経年変化を示す図で、戦後自動車の増加につれて増えた事故死者数が、その後ガードレールなどの道路の整備に伴って、ここ二〇年間では年間の死者

1	交通事故	17	自然災害
2	鉄道事故	17.1	火山災害
3	航空事故	17.2	土砂災害
4	船舶事故	17.3	水没事故
5	宇宙開発での事故	17.4	落雷事故
6	昇降機・輸送機など	18	食品事故
6.1	エレベーター	18.1	異物混入
6.2	エスカレーター	18.2	食中毒
6.3	自動ドア	19	製品・機器・器具事故
7	劇場・舞台空間での事故	19.1	一酸化炭素中毒事故
8	遊具・遊園地設備事故	19.2	発煙・発火・破裂事故
9	スポーツ	19.3	運送事故
9.1	フォーミュラ1	20	建造物崩壊
9.2	スカイダイビング	21	その他
10	医療事故	21.1	放送事故
11	原発事故	21.2	一気飲み事故
12	炭鉱事故	21.3	一気喰い
13	爆発事故	21.4	誤食・誤飲事故
13.1	花火事故	21.5	酸欠事故
14	火災事故	21.6	有害物質・微生物の漏出事故
14.1	車両火災	21.7	リング禍（格闘技の試合中における事故）
15	電気事故		
16	群集事故		

表3-9　事故の一覧

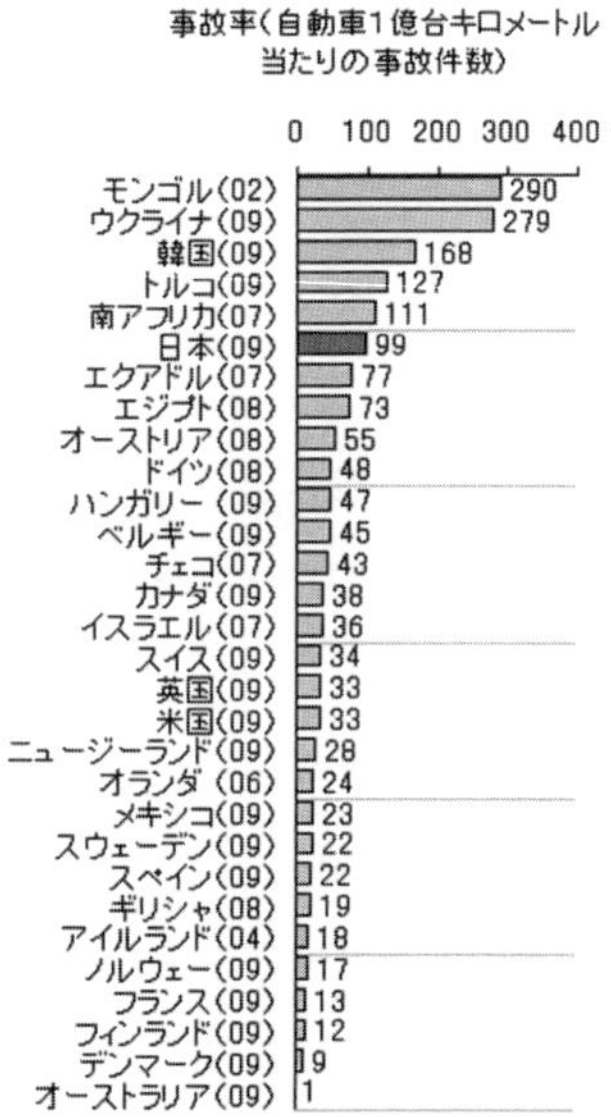

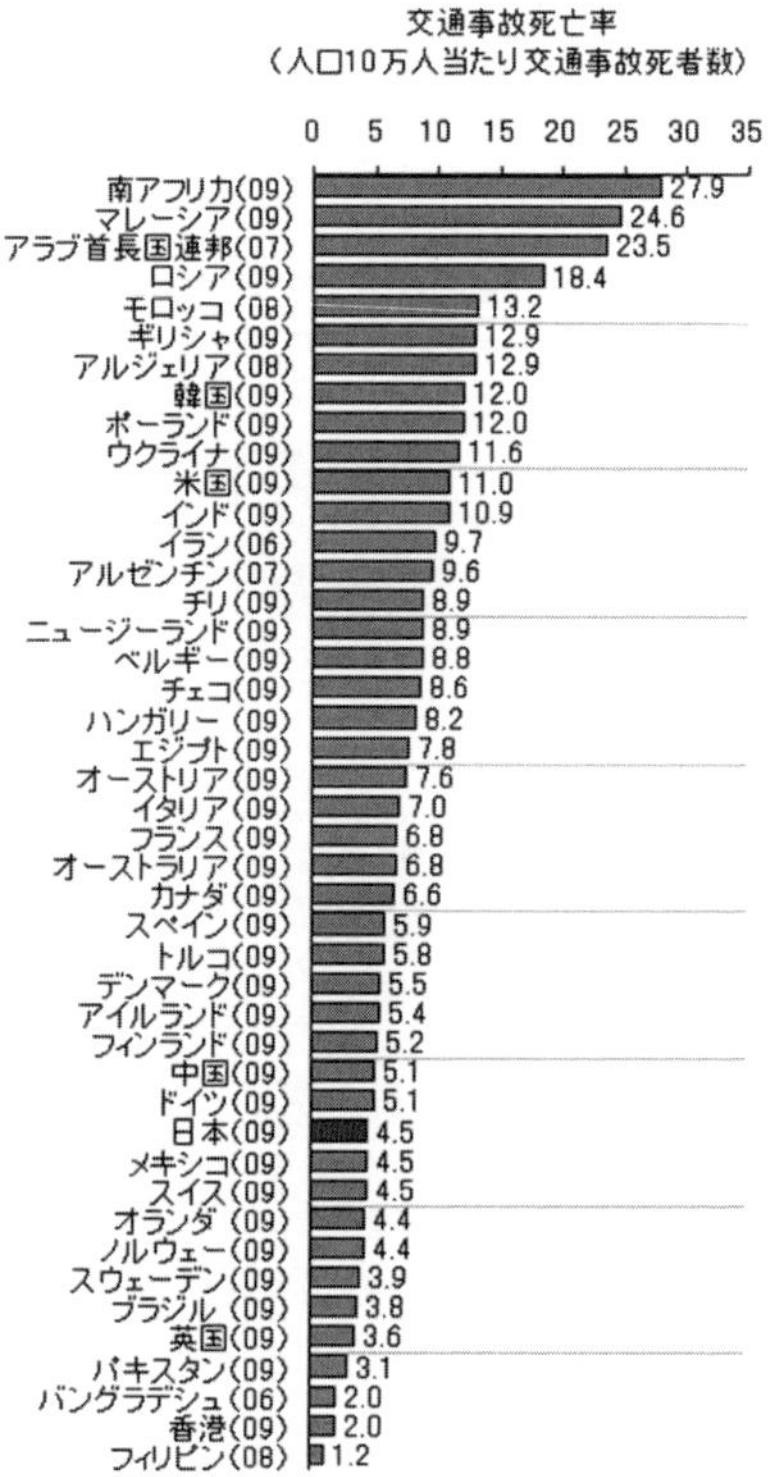

（注）カッコの中の数字は年次。交通事故は原則として人身事故。極めて短い区間で、複数の車両による衝突事故が起きた場合は1件と数える。死者数は、即死および交通事故発生後30日以内に死亡した者。原資料は"International Road Federation, World Road Statistics"各年次。

（資料）総務省統計局「世界の統計2013」（及び他年次版）より

図３－18　交通事故の国際比較

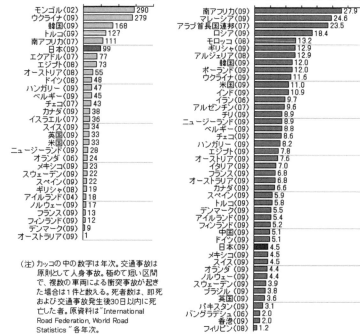

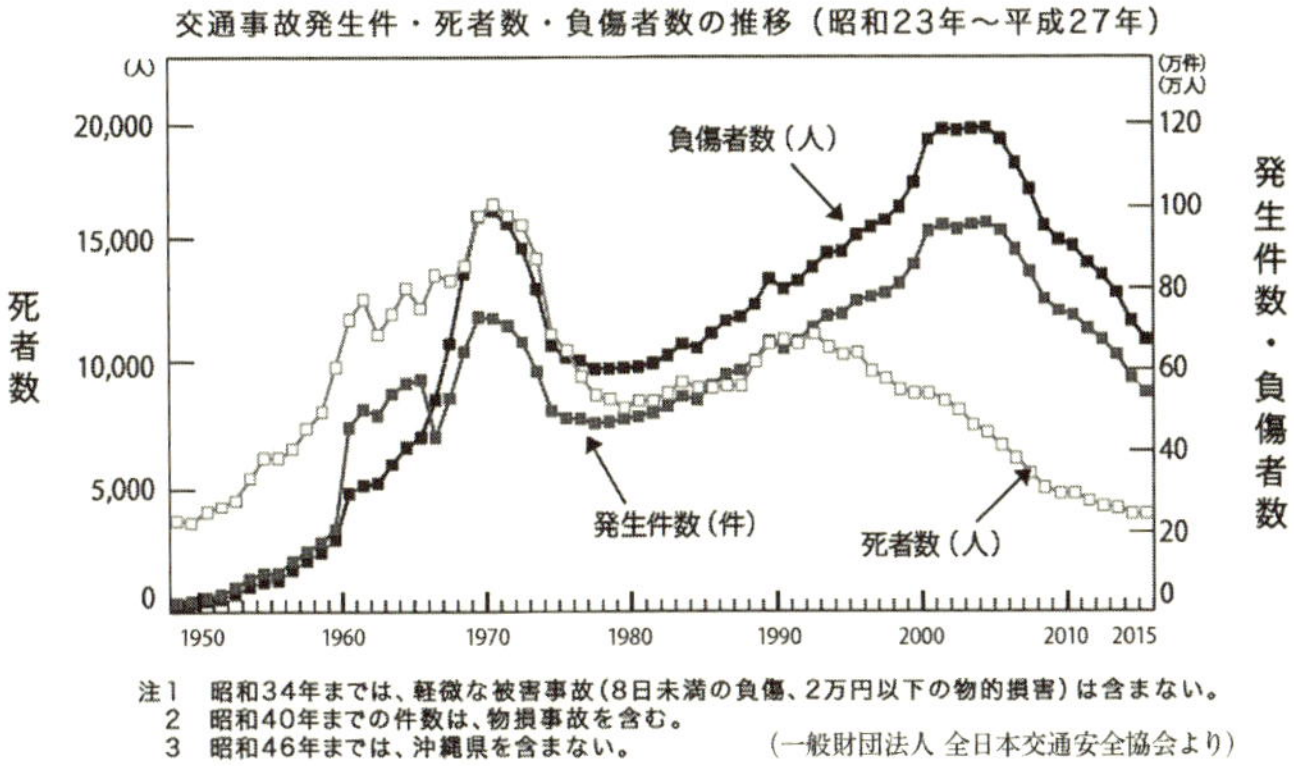

図 3 - 19　日本の交通事故発生件数・死者数・負傷者数の年次推移

数は減少しつつあります。また、シートベルトの非着用者の致死率は、着用者の約一五倍で、着用の効果が大きいのです。

セベソ農薬工場事故：一九七六年にイタリア北部の化学工場で発生した猛毒のダイオキシンTCDDの飛散により、三〇〇〇匹以上の家畜が死亡し、処分されました。住民約五〇〇人に皮膚損傷がみられ、被曝者のなかでは流産率が急増した大事故です。

ボパール化学工場事故：一九八四年一二月、インド・ユニオンカーバイト社のボパール化学工場で、猛毒のイソシアンメチル（MIC）ガスが流出し、MICの吸入によって何万人もの人々の呼吸器が強く障害され、最終的には周辺住民の一五〇〇〇～二五〇〇〇人もの人々が死亡しました。今でもユニオンカーバイト社の責任を追究する訴訟が未解決です。

航空機事故：航空機の運航中に起きる事故で、墜落、空中分解、不時着、オーバーラン離陸失敗、火災、衝突、テロリズムなどさまざまな事象があります。なかでも、五二〇人のいのちが失われた日本航空123便の御巣鷹山事故（一九八五年八月）は、過去に製造元が機体に施工した修理の際のミスの可能性もあると指摘され、現代の安全は国境を越えて、多数の人々の安全努力の上に、かろうじて成り立っていることがわかります。

原子力発電所事故：これまで世界の民間の原子力発電所の事故として国際評価であるＩＮＥＳレベルが４以上と判定された事故について列挙すると次のようになります。

一九五二年一二月　カナダ　チョークリバー研究所事故　ines　5
一九五七年九月　旧ソ連　ウラル核施設事故　ines　6
一九五七年一〇月　イギリス　ウインズケール（セラフィールド）研究所事故　ines　5
一九七九年三月　米国　スリーマイル島原子力発電所事故　ines　5
一九八六年四月　ウクライナ　チェルノブイリ原子力発電所事故　ines　7
一九八七年一〇月　ブラジル　ゴイアニア被曝事故　ines　5
一九九九年九月　日本　東海村ＪＣＯ臨界事故　ines　4
二〇〇六年三月　ベルギー　フルーリュスＲＩ施設　ガス漏れ事故　ines　4
二〇一一年三月　日本　福島第一発電所事故　ines　7

〈東海村ウラン加工施設の臨界事故〉　一九九九年九月に、東海村のＪＣＯウラン加工施設で発生した臨界事故は二名の死亡者と一名の重症者をもたらしました。臨界とは、原子核分裂の連鎖

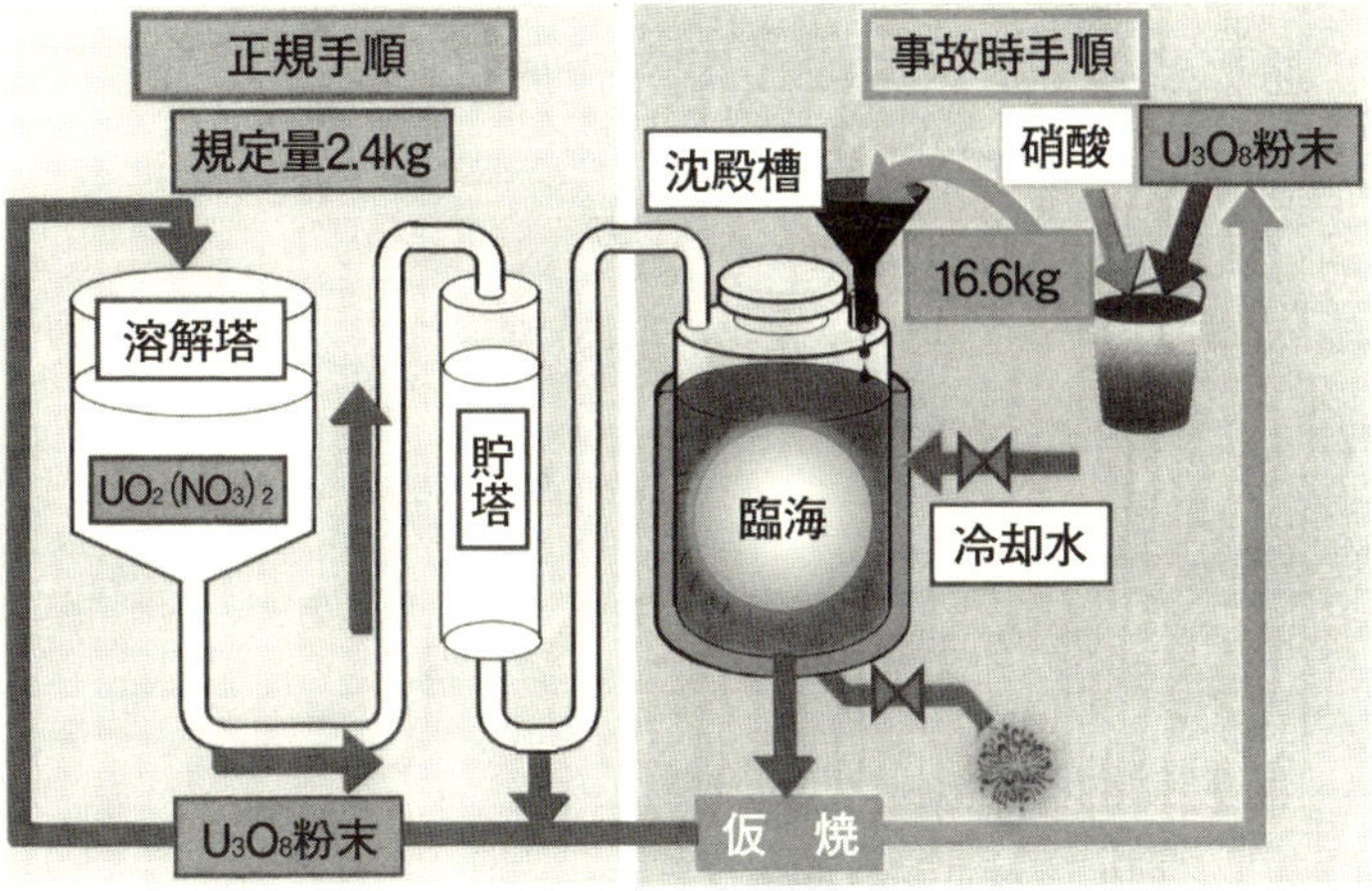

図3－20　正規手順と事故時の手順

反応が一定の割合で継続している状態を言います。

ＪＣＯウラン加工施設では、研究用原子炉で使用するウラン濃縮度一八・八％の核燃料の製造を請け負っていました。

ＪＣＯでは核燃料加工の工程において、臨界事故防止を重視した正規のマニュアルではなく、裏マニュアルに沿って作業をしていました。事故の当日は、酸化ウラン粉末を溶解するときに、図３－20の左側

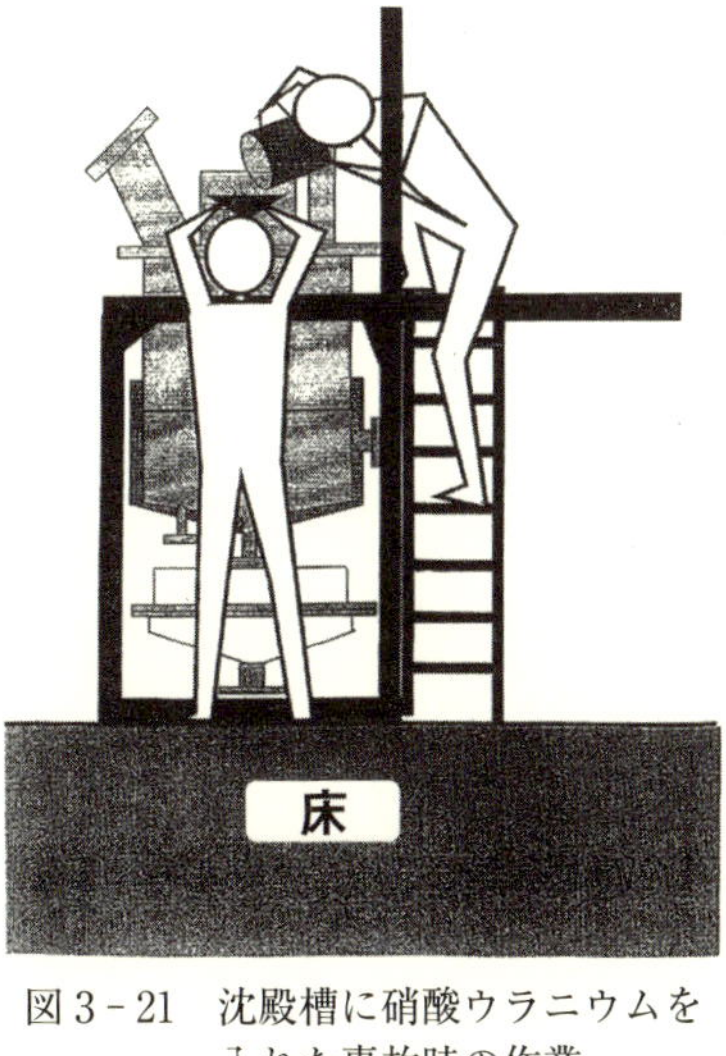

図3－21　沈殿槽に硝酸ウラニウムを入れた事故時の作業

に示すような臨界反応を起こしにくい細長い形の貯塔は使わずに、図3－20の右側に示す、水を巡らした沈殿槽に、二人の作業者がバケツを使って、図3－21に示すような姿勢で酸化ウランと硝酸を注入しました。ウランの量も規定の二・四キログラムを大幅に上回る一六・六キログラムでした。周囲に水を巡らした沈殿槽は中性子を反射しやすい形状です。その時、突然臨界状態に達し、作業者は青い光を見たと言いました。

痛ましいことにこの事故で推定一六～二〇シーベルト以上の放射線被曝をした作業者と、六～一〇シーベルトの被曝をした二名の作業者が、それぞれ八二日、二一〇日後に亡くなられました。ここにも、①安全の過信、②定量以上の取り扱い、③人的因子＝安全教育の不在、という先進国の事故に多い特徴が浮き彫りにされました。

原子力発電と原子爆弾の違い

原子爆弾（核爆発）の威力の大きさ、悲惨さは、広島、長崎の大きな犠牲を経験した私たち日本人は誰でも知っているはずです。核分裂を起こす元になる物質はウラニウム（＝ウラン）235です。図3－22に示すように、天然のウラニウムはウラン238が九九・三％で、その同位体のウラン235は〇・七％しか含まれていません。この核分裂性のあるウラン235の濃度を、三ないし五％に高める技術が低濃縮ウランの製造技術です。

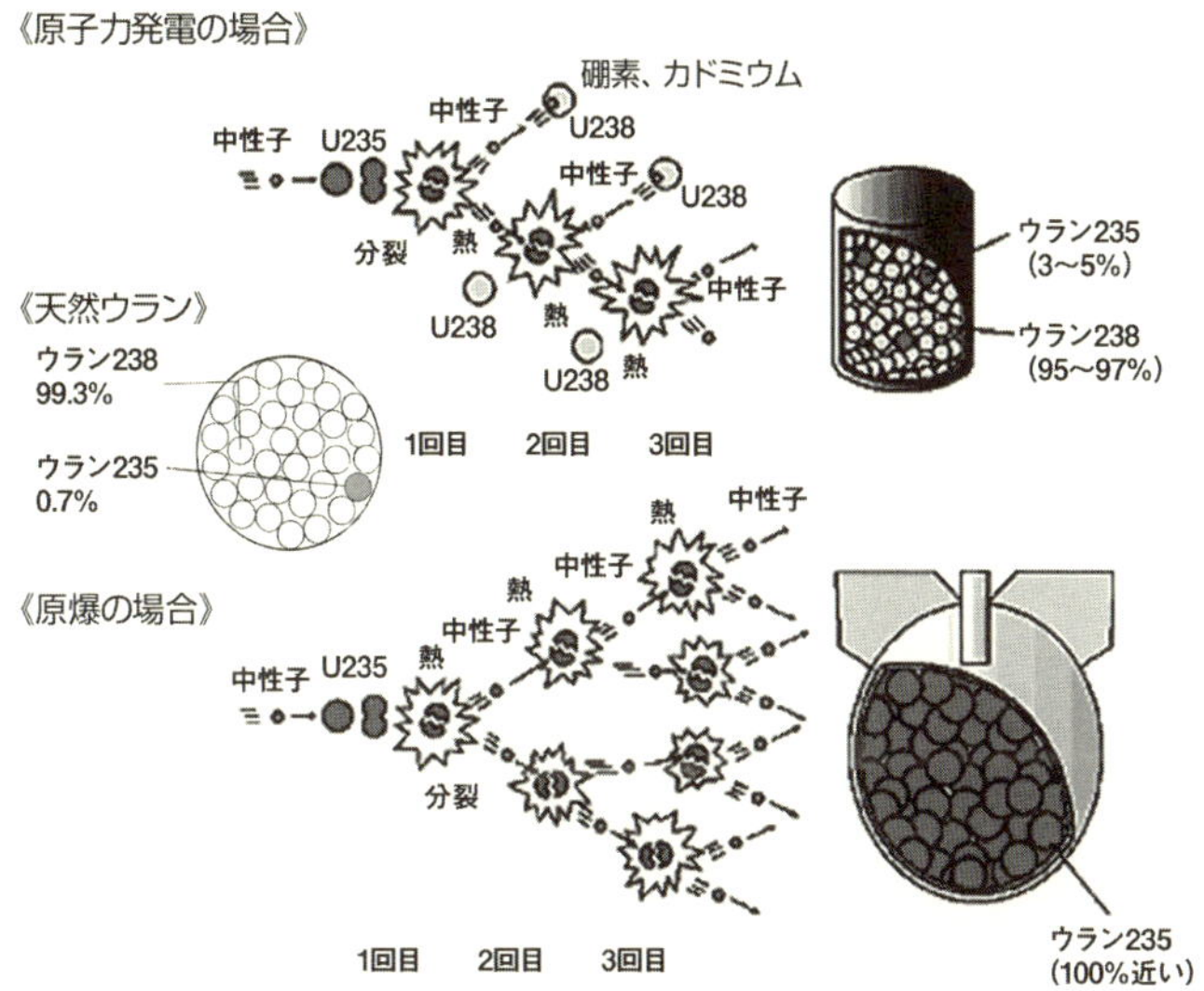

図3-22　原子力発電と原爆の違い

ウラン235に中性子をぶっつけて核分裂を起こす場合に、周囲に水や黒鉛などの中性子「減速材」や、硼素やカドミウムなどの核反応「制御材」を配置して、一気に激しい核分裂を起こさないように工学的に制御をしながら、核分裂で発生する熱エネルギーを取り出し、その熱でタービンを廻して、電気エネルギーとして使用するのが原子力発電です。

他方、原子爆弾とは、高い濃度のウラン235を含む物質に中性子をぶつけて一気に無制限に核分裂の連鎖反応を起こさせる、危険極まりない仕掛けです。

東京電力福島第一発電所の事故についての私の見解は別の機会に明らかにします。

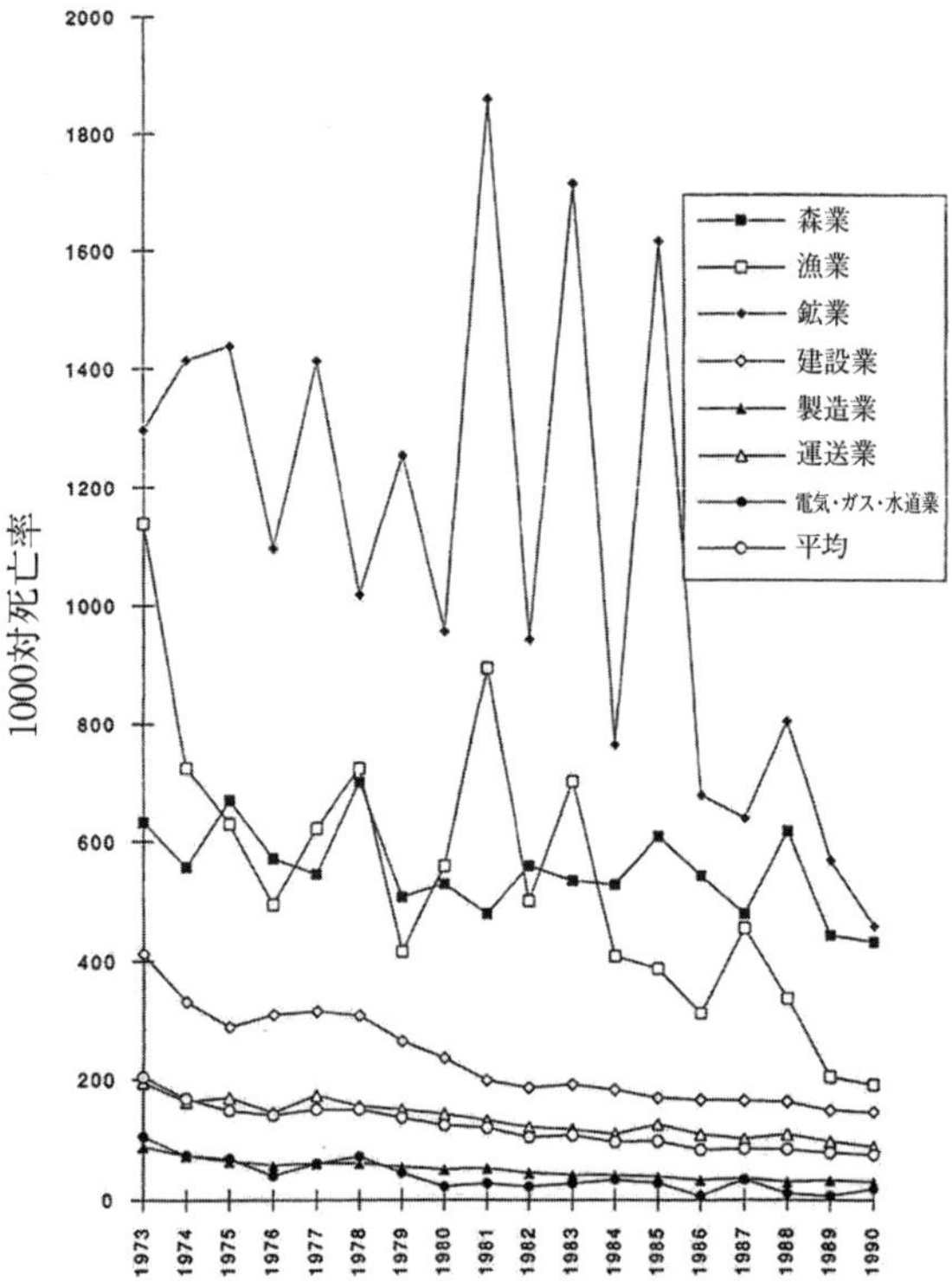

（岩崎民子 他：保健物理 28, 173-178（1993）より）

図３－23　労働業種別死亡の年次変化

(7)　労働災害によるリスク

日本の労働災害による死傷者数（四日以上休業した人の数）は、一九七〇（昭和四五）年がピークの三〇八〇〇人から減少し続け、現在は年間約七四〇〇人です。図3－23に各種の産業別の労働者の死亡率の経年的推移を示します。職業によっては危険度に差があり、産業に携わる人々やその管理者はリスク管理の重要性を真に肝に銘じて仕事するべきです。労働中の死傷リスクの高い職業は、上位から順に漁業、林業、運送業、建設業、鉱業、リサイクル業、化学工業、農業、パイロットなどです。

(8) 身のまわりの日常リスク（肥満、タバコ、怪我など）

間近な死をもたらさなくても日常生活のなかの悪い習慣は長い年月をかけて知らないうちにいのちに悪い影響をもたらします。その最たるものが、喫煙、精神的ストレス、過栄養の三者です。

① **喫煙**：紙巻タバコの喫煙は肺がんやその他の病気を増加させ、平均寿命を約五年（米国のデータでは男性約六年、女性約二年）も短縮させると計算されています。最近（平成二八年九月）厚生労働省より提出された「喫煙影響に関する検討会報告書」によると、日本で販売されている紙巻たばこには約五三〇〇種類の化学物質が検出されており、それらの影響は、発がん、虚血性心疾患、脳卒中、慢性閉鎖性肺疾患、2型糖尿病の増加など、詳細に記載されています。

喫煙に起因する年間死亡者数は、世界では能動喫煙によって約五〇〇万人、受動喫煙によって約六〇万人と報告され、日本人の年間死亡者は能動喫煙によって約一三万人、受動喫煙によって約一万五千人と推計されています。

また、喫煙者の傍で暮す受動喫煙ですら悪影響があると報告されています。

② **精神的ストレス**：人間はストレスとたたかう力がありますが、日常のストレスが過剰になると、6章で述べるように免疫力が低下し、病気にかかりやすくなります。

③ **過栄養**：私たちの身体は十分な栄養が必要ではありますが、食物を代謝する際に多量のフリー・ラジカル（7章参照）を作り出すため、身体に大きな負担をかけます。これは意外に人々に衆知されていませんが、私たちは日常の食物代謝やエネルギー代謝で体内にたくさんのフリー・ラジカルを発生させているのです。したがって食物の取り過ぎ（過剰な栄養）や運動不足は肥満体となるのみならず、糖尿病や心臓病など、身体に悪い影響が出やすくなります。

また、乳幼児や子どもにもたらす大きな危険は、次の二つです。

④ **転倒**、**骨折**、**打撲**、**切り傷**：幼児や子どもを育て、預かる人々が第一に直面することで、常にこれらの危険を頭に置いて、子どもを育てるべきです。高齢者の転倒も増えています。

⑤ **感染**：感染の流行は、伝染病を経験していない子どもたちや老人から始まります。風邪の流行や肺炎などで、いのちの危険が及ばぬよう注意しましょう。

4章　現代の日本人の三大死因 ―現実的に最も多い死亡は何か―

(1)　三大死因

人間の集まり（集団）のなかで、人々がどんな病気でどのくらいの数で死亡したかを調べ、人々の生命を脅かす原因を追究する学問が「疫学」です。つまり、疫学とは、自身を実験台にのせる代わりに、人間集団の生存や死亡についてのデータをとって、統計学的検討をして、健康や疾病に関する危険度（リスク）を科学的に研究する学問です。

私たち自身の現在の日本におけるいのちの危険について、その「大きさ」を現実的に知るには、まずは厚生労働省の衛生統計データをみることです。同時に、日本や世界の人々の人口動態統計などをみると、これまでに人のいのちを奪ってきたさまざまな原因を整理し、注目することができます。人々の死因の第一位は、世界では心臓病、日本ではがんで、それぞれ約三〇％の人が死亡します。

現在の日本の人口は約一億二八〇〇万人で、平成二六年中に出生した人は約一〇〇万人、死亡した人の総数は約一二七万人でした。大雑把にいうと毎年、人口の約一％の人が死亡します。こ

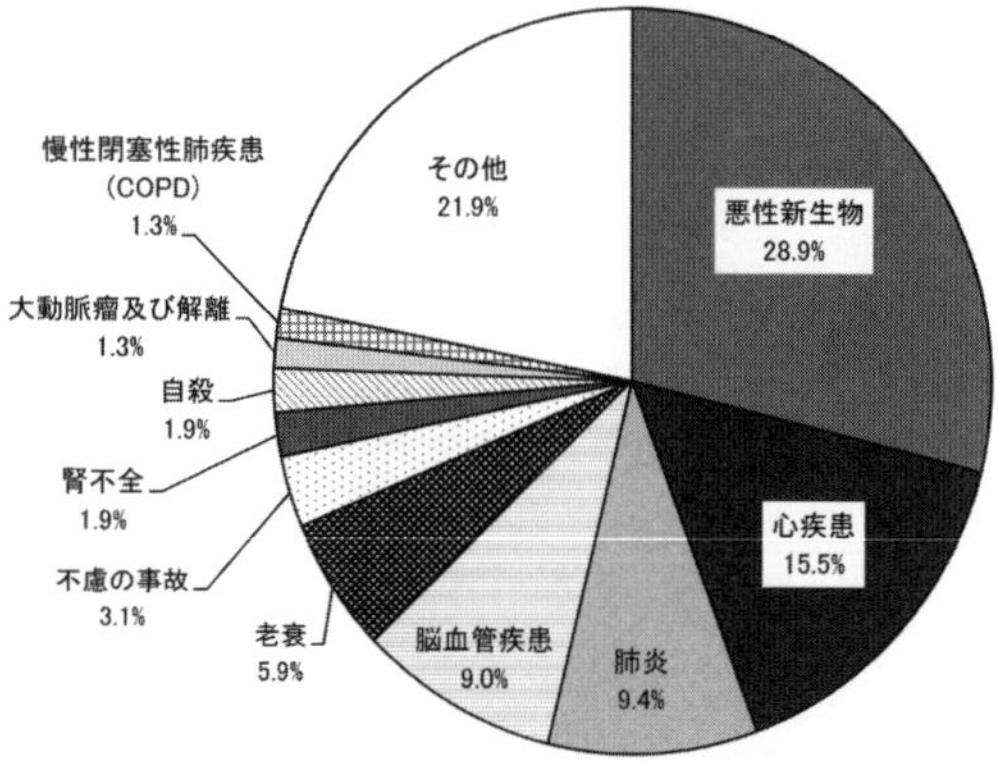

図４－１　主な死因別死亡数の割合（平成26年、日本）

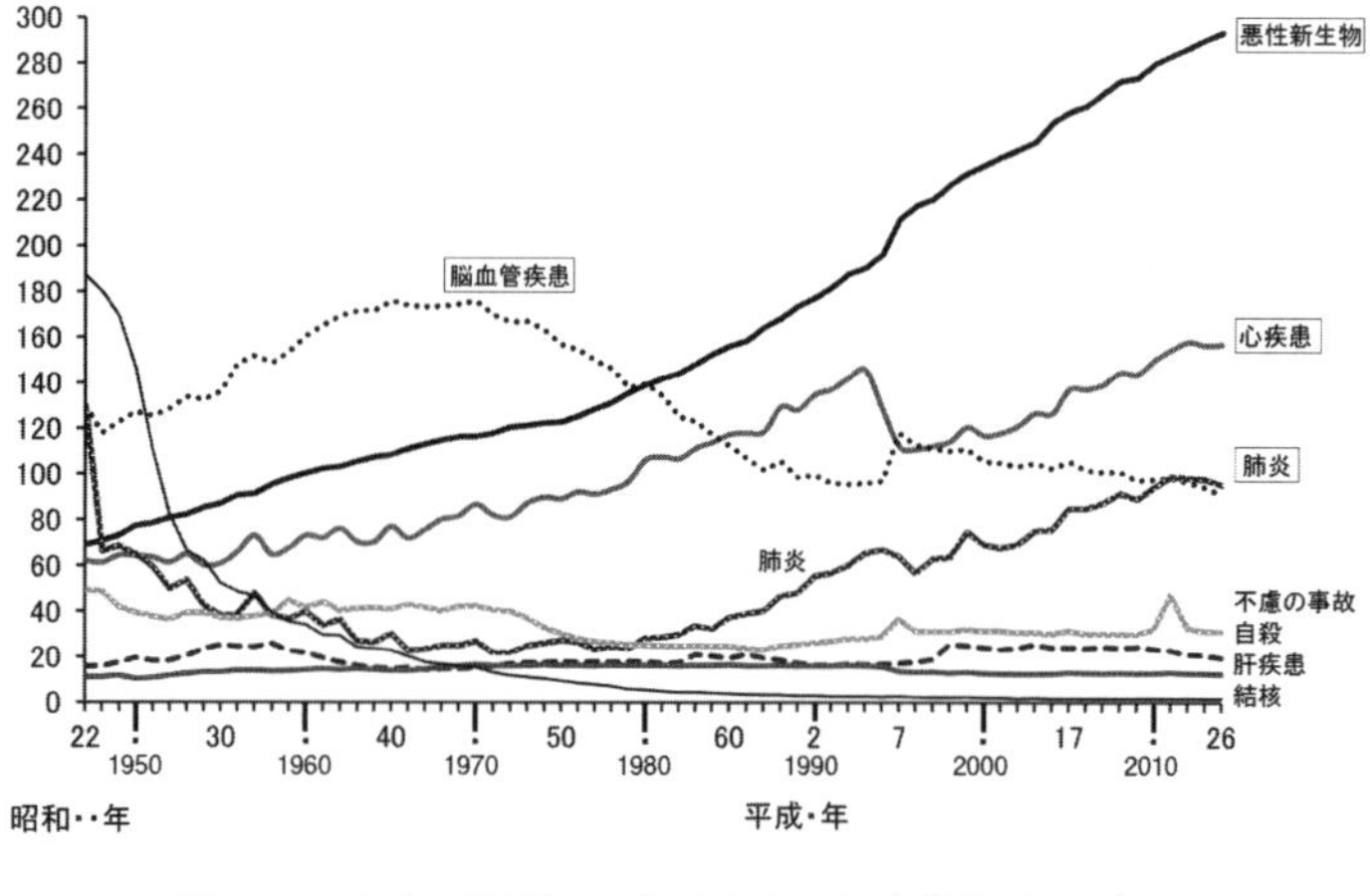

図４－２　主な死因別にみた死亡率の年次推移（日本）

れを死因順位別にみると、第一位は悪性新生物（がん）で約三七万人、第二位が心疾患で約二〇万人、第三位が肺炎で約一二万人、第四位が脳血管疾患で約一一万人でした。この節に述べることは、本書の初めの章でまず述べるべきだと思うほど、あたりまえの重要な現実そのものです。すなわち、死亡原因の第一位が「がん死」、ついで「循環器病死」です。

図４－１で明らかなように、平成二六年度の調査で、死亡総数に対する死因別の割合は、悪性新生物（がん）がトップで約二八・九％、心臓病が一五・五％、肺炎が九・四％、脳血管疾患が九％です。つまり、日本人の死因の約六割は「がん、心臓病、脳血管障害」の三疾患で占められています。しかし、近年は超高齢化社会なので、これに加わって、高齢者の肺炎が今後さらに増加していくと思われます。

図４－２の「主要死因別にみた死亡率（人口一〇万対）の経年的変化」に示すように、昭和二〇年代後半以降、結核による死亡は抗生物質の使用などで激減させることができました。昔は多かった脳卒中などの脳の血管疾患も次第に減って、その代わり悪性新生物（がん）や心臓病が次第に増えて、日本の死因構造の中心が、結核などの感染症から、がんや次節で述べるいわゆる生活習慣病に移ってきました。

戦前（二〇世紀前半）は日本の男女の平均寿命（ゼロ歳の平均余命）は五〇年以下でしたが、戦後は着実に改善が進み、二〇一四（平成二六）年の国の統計（厚生労働省の簡易生命表）によると、日本は、女性が八六・八三年、男性が八〇・五〇年と、女性は世界最長、男性はアイスランドに次ぐ世界第二位です。これは、世界的見地から見れば、日本人は世界で最も安全な国に住んでおり、社会の安全管理がかなり機能している証拠でもあります。（死亡のデータを、集団の年齢分布を標準化して調整した上で、経年的な死因別の変動をみると、どの病気の死亡がいつ頃から減少したか、人々の現在の主な死因は何かを知ることができます）。

(2) 生活習慣病と死の四重奏

私たちの日常のなかで、知らず知らずのうちに、健康や死と大きくかかわっているのが、「高血圧、肥満、高脂血症、高血糖」の四者で、医師のあいだでは、死への四重奏といわれています。それは、心疾患死が第一位である米国で、これまで数十年にわたって継続した疫学的研究調査（Framingham study など）1に基づいて、人々の「高血圧、高コレステロール（高脂血症）、肥満、高血糖」など豊か過ぎる食生活や、肥満などの日常的因子が上に述べた心臓や循環器の傷害に関係していることがわかったからです。

これらの因子は、本人の食習慣や水分のとりかた、車社会、喫煙などの生活習慣（＝ライフスタイル）と大きなかかわりがあると考えられ、生活習慣病とは、健康に良くないライフスタイルが長い間続いて発生してくる病気の総称となりました。つまり、「生活習慣病」はあいまいな表現で、それらが発生する要因は一つではなく、本人自身の日常の食習慣や運動習慣やストレスなど複数の原因が関与して発生する病気の総称です。

生活習慣病は、高血圧、脂質異常症、糖尿病、肥満などが代表的なもので、偏食、喫煙、運動不足、ストレスなどが重なると、自覚症状がないままに、血管の動脈硬化が進み、血管が硬くなり、血液の流れが悪くなったり、詰まって血栓ができたりして、心筋梗塞や脳血管障害の発生の原因になります。

生活習慣病は、体重の十分なコントロールと、血圧の管理、食塩の摂取制限（過度の味噌、醤油、漬物の摂取習慣を反省する）、頻回の外食、早食い、インスタント食品偏重を避け、野菜を充分に摂り、毎日少時間でも、少し汗ばむ程度の運動をする、十分な睡眠時間を確保するなど、自らの習慣によって、かなり予防できるといわれています。これこそ、人々が健康への関心を高め、人それぞれが自身の生活習慣を改善することが大切である理由です。

(3) 日本人に多いがん

図4-3、4-4は、厚生労働省が発表した平成二六年の「悪性新生物の主な部位別死亡数・死亡率の年次推移」です。昔から多かった胃がんは横ばいから減り始め、代わりに性別でみれば、

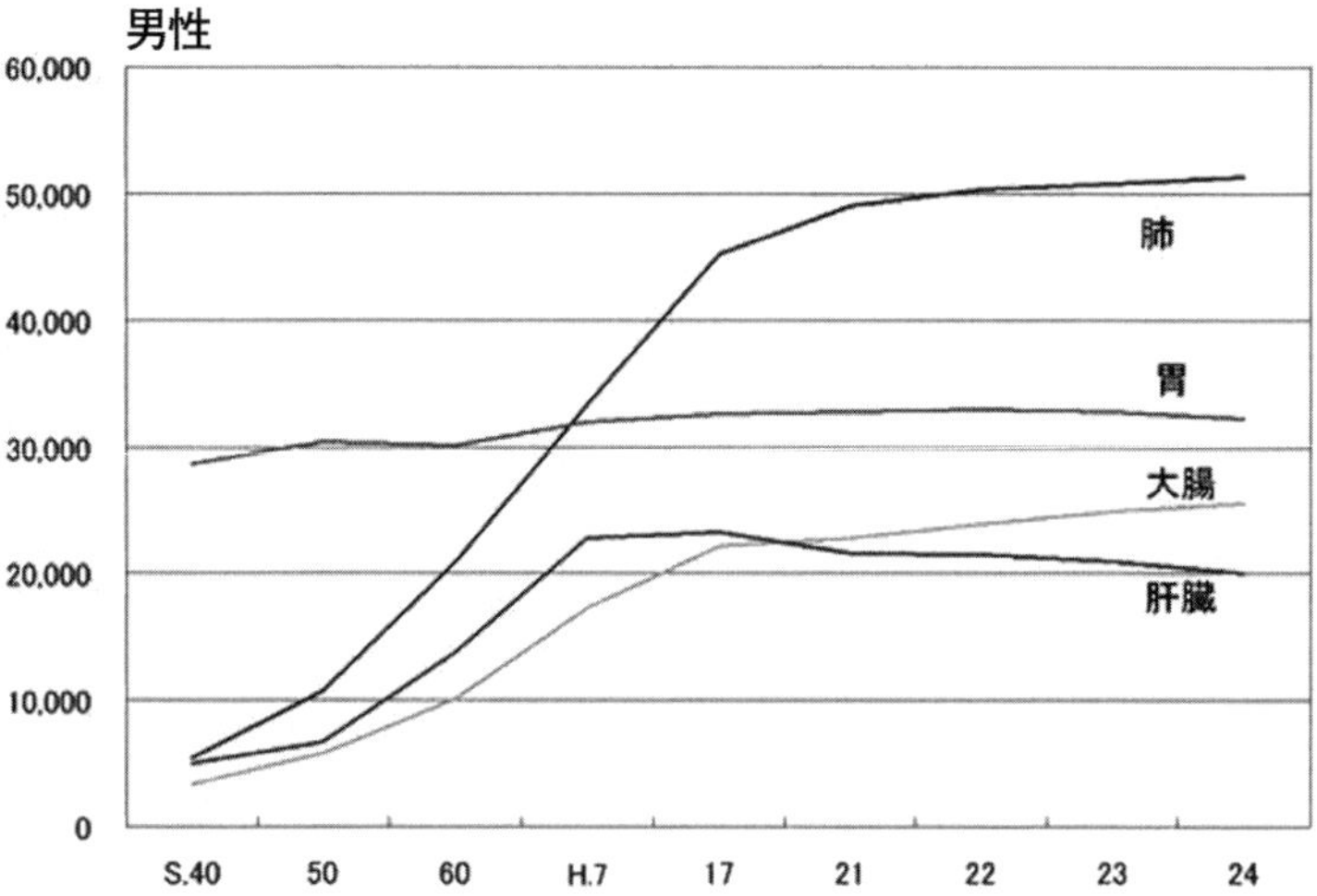

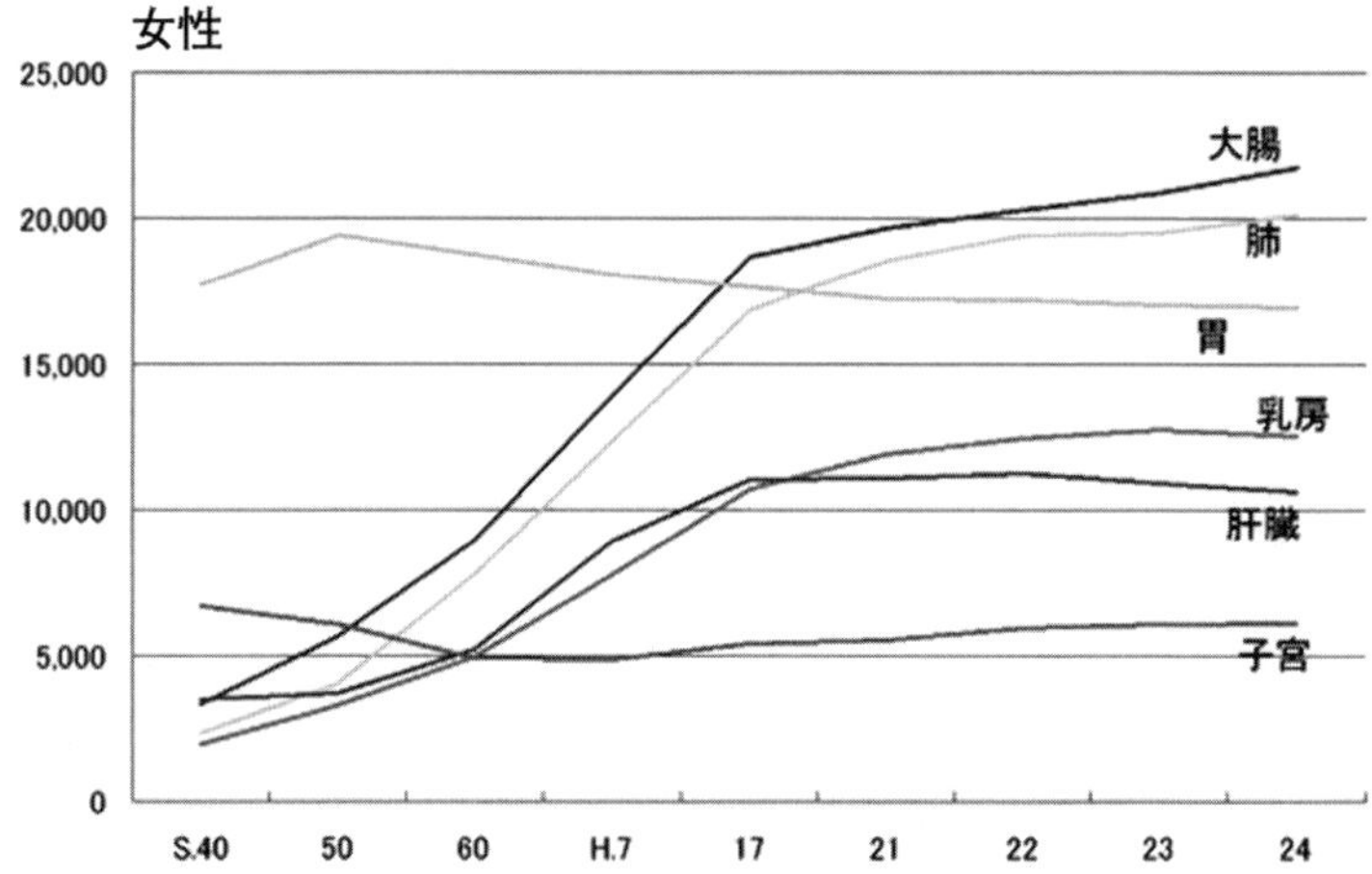

図4－3　部位別にみたがんの死亡数の年次推移

男性

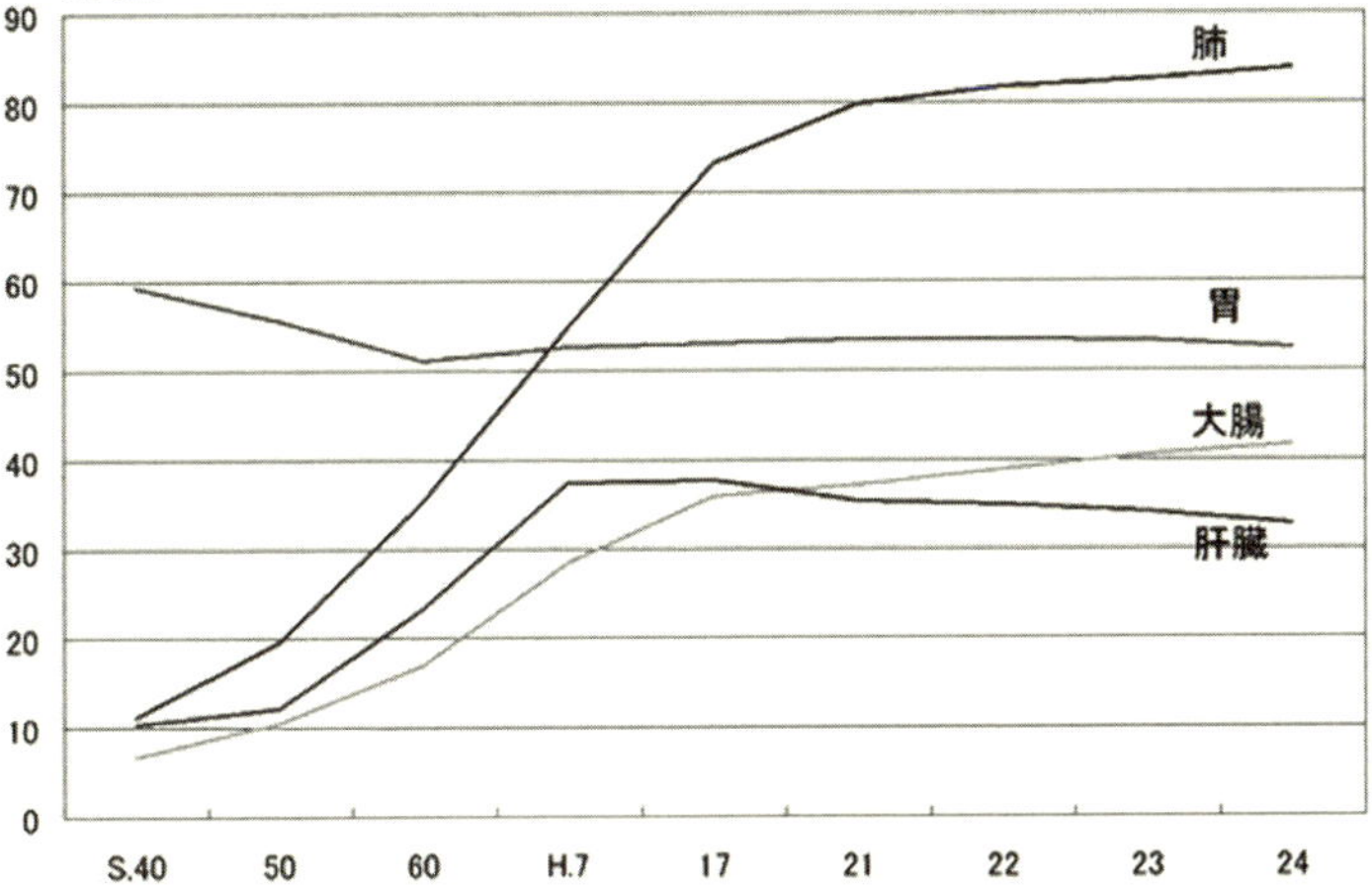

女性

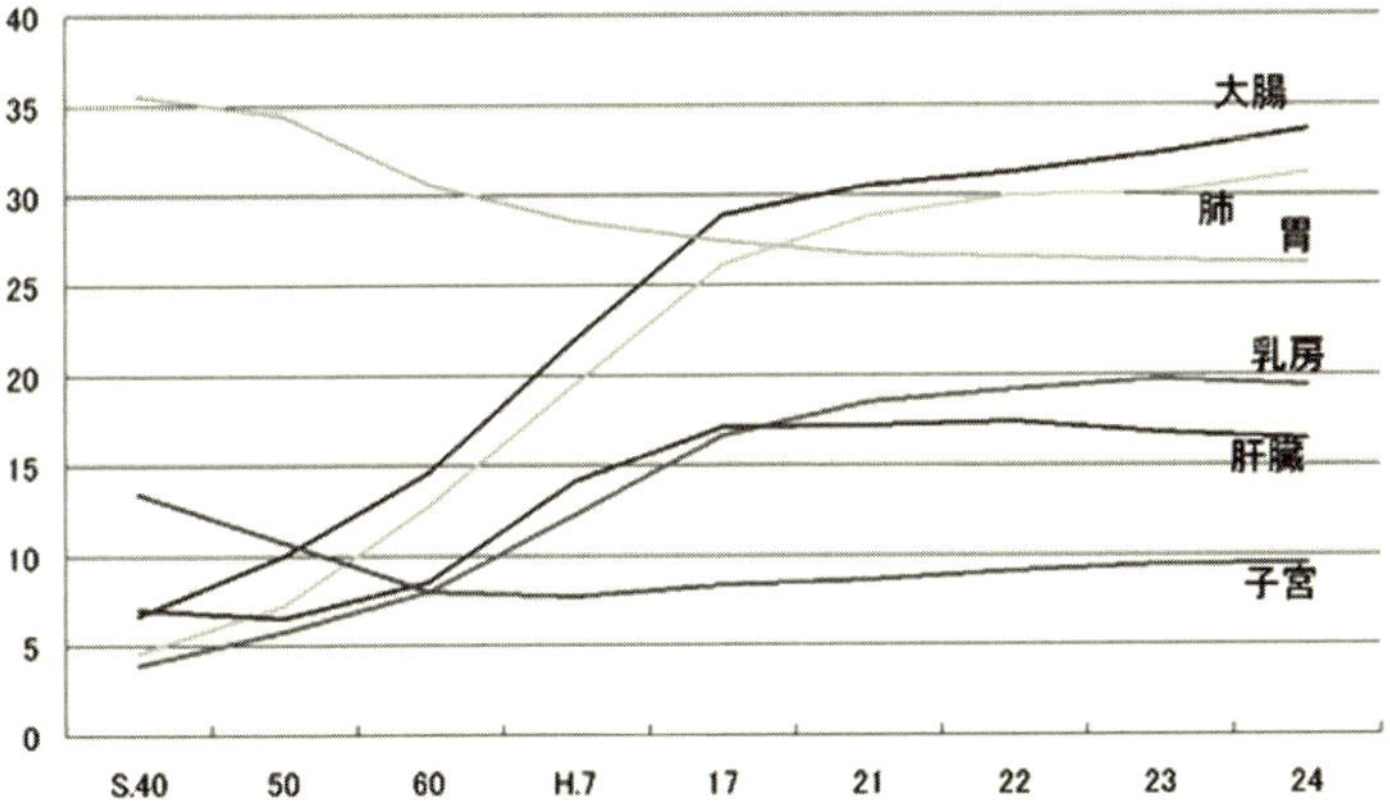

図4－4　部位別にみたがんの死亡率の年次推移

がんに寄与する因子	全がん死に対する寄与（%）	
	推定（%）	推定%の巾
タバコ	30	25～40
アルコール	3	2～4
食餌	35	10～70
食品添加物	<1	－5a～2
性行動	7	1～13
職業	4	2～8
環境汚染	2	<1～5
産業生成物	<1	<1～2
医療	1	0.5～3
地理的因子	3	2～4
感染	10？	1～？
未知因子	？	？

注） 未知の因子の寄与や複数の因子の発がんへの関与のため%の合計を必ずしも100に合わせるように強制はしていない.

表4－1 さまざまな因子のがん死亡に対する寄与度

近年は男性は肺がんが増加し、女性は大腸がんや乳がんが増加していることがわかります。戦前の日本では、多量の米食と漬物というような塩分の摂り過ぎや胃への負担のため、高血圧による脳卒中や胃がんが死因の首位を占めていました。しかし、現代では、男性は肺がんや大腸がん、女性は大腸がんや乳がんが増えています。こうした死因の背後に、車社会、肉食化、ストレスの多い日常生活などが反映されているのかもしれません。厚生省の統計に示されているように、国民の約三人に一人が、がんなどの悪性新生物で死ぬ現状から、自身もそのような病気で死ぬ確率が高いわけです。

もう二〇年以上前ですが、私が大学で疫学を教えていた頃、かねてより発がんモデルに関する文献で親しんでいた英国のリチャード・ドル教授に会うため、オクスフォード大学を訪れました。高名さとはまったく反対の地味で謙遜で親切なご老人でした。ドル教授が、お弟子さんと共に米国政府に依頼されて作成した膨大な報告書[2]「がんの原因—避けられるがんリスクの量的推定」についてのお話を伺いました。その著書は一〇年後に日本でも邦訳、出版されました[3]。その著書のなかで、「タバコや過度の酒などの悪い生活習慣を本人が改めることにより、かなりのがんは防げる」ということを、統計データで示されたのです。

一九九六年には、米国のハーバード大学から、がん予防に関する報告書[4]が出されました。そこでは、がん死亡の原因別の寄与割合が推定され、表4－1に示すように、喫煙や食生活がそれぞれ約三〇％と、発がんに大きな寄与をすると報告されました。

文献

1 米国のフラミンガムという人口五千人位の町で、第二次大戦後の一九四七年から現在も続けられている壮大な臨床疫学的研究（NHLBI and Boston University：Framingham Heart Study）。文献としては P.W. Wilson et al. Prediction of coronary heart diseases using risk factor categories, Circulation (1998 12 May) 97 (18), 1837-1847, Retrieved 7 May 2013 などがある

2 Richard Doll and Richard Peto：The Causes of Cancer-Quantitative estimates of avoidable risk of cancer in the United States Today, Oxford Univ. Press Inc. N.Y.（1981）

3 青木国雄他訳：「ガンはどれだけ避けられるか」名古屋大学出版　一九九五

4 Harvard Center for Cancer Prevension：Harvard Report on Cancer Prevention, Vol. 1：Causes of Human Cancer, Cancer Causes Control（1996）7, S3-S69

(4) 四大死因ひとくち解説

悪性腫瘍（がん）：体内に勝手な増殖をする細胞が現れて、周囲から栄養を奪い、自身の細胞を傷つける疾患。例　胃がん、肺がんなど。

細胞ががん化するには、長い年月をかけて複数の要因が作用するためと考えられ（発がんの多段階説）、私の解析では5-6段階と推定されました（いくつかのがんの日本人の年齢別発症データを、Doll-Armitageらの数学モデルにあてはめて、筆者が疫学的解析をしました）。

人体はおよそ数十兆個の細胞からできています。細胞によって寿命の長短はありますが、毎日たくさんの細胞が分裂増殖と破壊を繰り返し、入れ替わりながら生きています。細胞が分裂するときに細胞の核のDNAに傷がついて、その傷を修復できない場合は、大部分の細胞は自滅（アポトシス、後述）して除かれますが、時に核が変異したまま残り、この細胞が増殖を始めることがあり、これががん細胞となります。図4-5は大腸の上皮細胞のなかの一部の遺伝子が時間をかけて一つずつ突然変異を重ねていって、がんが発生するプロセスを示したものです。がんは初期には何の症状もありません。しかし、がんは長い年月をかけていくつかの段階を経て徐々に発生するので、がんの芽を出さない予防，芽を育てない予防、そして何よりも早期発見と治療が非常に重要であることがわかります。

がんは正常な遺伝子の突然変異がきっかけとなっていることから、放射線曝露イコール発がんと単純に考えがちですが、現実に起こっていることを、私は図4-6のように表現してみました。身体の中ではさまざまな現象が起こり、ごく少数の人々が発がんに至ります。後で述べるように、自身の身体の細胞の微環境を健康に保つ努力が必要です。

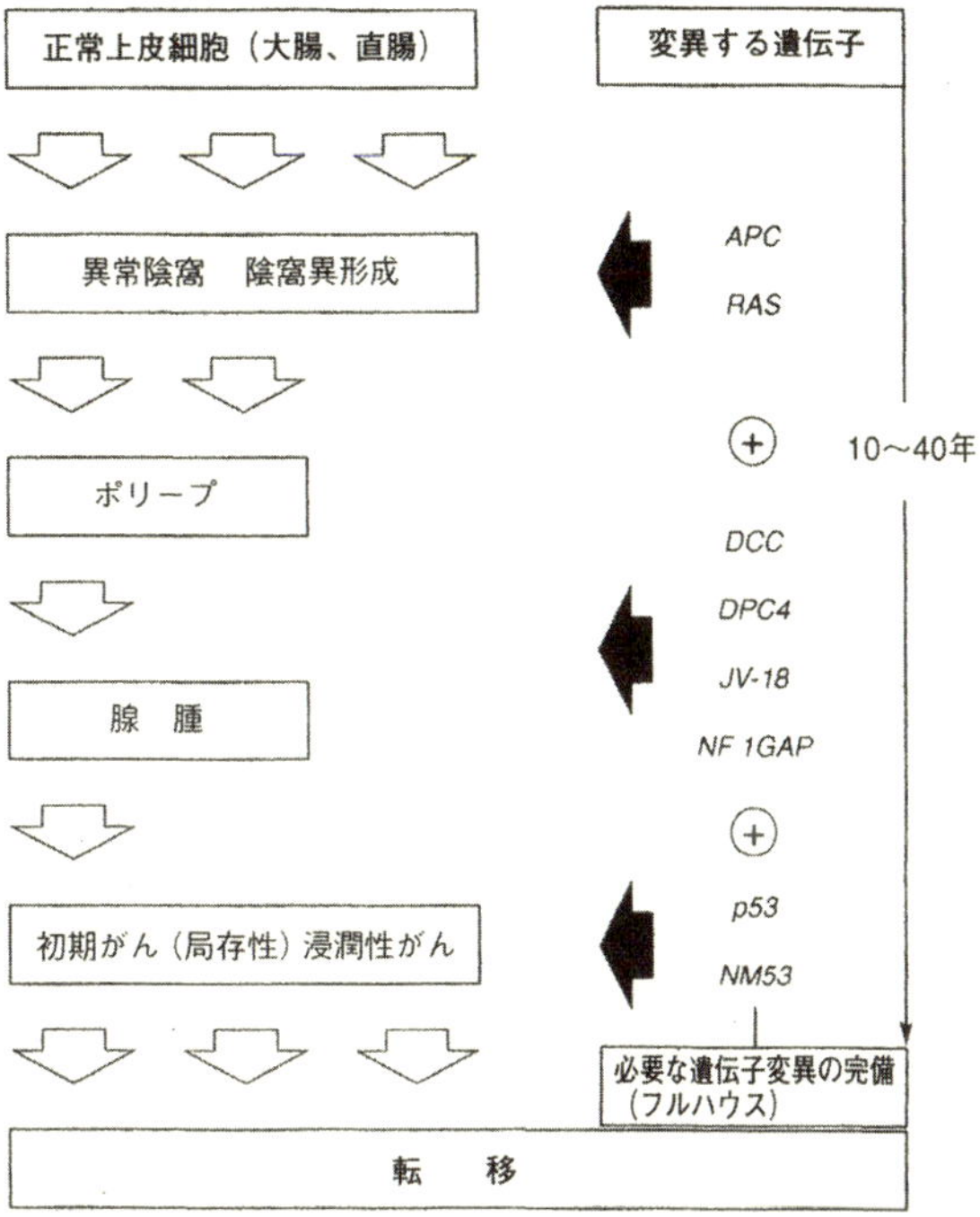

図4-5　大腸がんの発生プロセス

ワインバーク博士らは、がんに関する多数の文献や議論をチェックした結果、人の細胞ががん化して発がんに至る六つの要因を、発がんに向けての後発的要因（図3-11参照）として示しました。

すなわち、発がんに至るには、①細胞増殖シグナルの発現、②細胞増殖シグナル制御の失敗、③アポトシスの失敗、

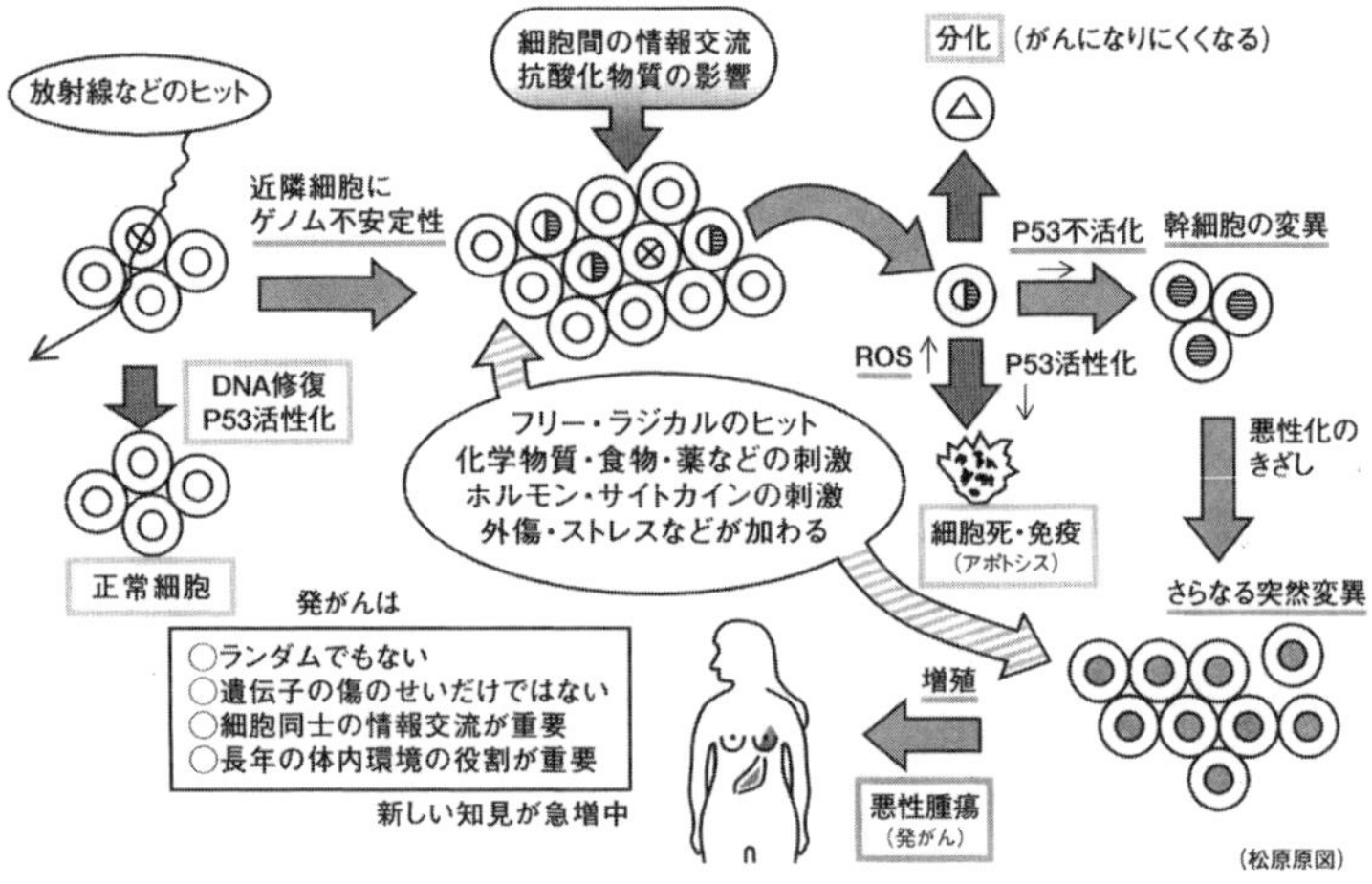

図4－6　放射線発がんの新しいパラダイム

④細胞に栄養を送る血管の増生、⑤制限のない細胞の複製、⑥周囲組織への侵襲および他臓器への転移、と進展します。これらの各段階でどのような手段で医学的に適正な制御ができるか、今後の研究の進展が望まれます。

心臓病：心臓を動かす血管（冠動脈）が詰まったり、心臓の筋肉に酸素や栄養が行き渡らず、心臓の働きが悪くなる病気。例えば、

―**狭心症**：冠動脈の血流が悪化し、心臓が酸欠状態となって胸苦しさや痛みが数分程度続く。運動や精神的な興奮で起こることが多い。

―**うっ血性心不全**：心臓のポンプ機能が低下して肺や抹消の組織に浮腫が生じて息苦しく感じる状態で高齢者に多い。

―**高血圧**：血圧が慢性的に（収縮期／拡張期が約一四〇／九〇以上と）上昇し

ている人。高齢者では血管壁の伸縮性が悪くなり、収縮期血圧のみ高くなる人が多い。

—**心筋梗塞**：動脈硬化や血栓のための冠動脈が詰まって、心筋に壊死が起こり、強い胸痛が持続する人が多いが、二五％は無症状の場合もある。大至急医療処置を受ける必要がある。

—**脳血管障害**：脳の血管が障害されて起こる病気。

—**脳梗塞**：脳血管が血栓などで詰まってしまい、脳の一部に十分な血液が行き渡らなくなる。

—**脳出血**：脳内の血管が破たんして血液が脳の周囲に貯留して、脳細胞を圧迫する。そのため、脳の機能が傷害されて脳に連なる神経や末端にまで異常が現れる。

これら、がん、心臓病、脳血管障害は、現実的に私たちの「いのちのリスク」の最大要因です。がんや心臓病や脳血管障害は、高齢になるほど多くなる病気で、感染症とは違って、それらが発生する原因は一つではなく、生活習慣など複数の原因が関与しています。そのため、予防対策には個人（自分自身）の日常の努力が欠かせません。前の章で述べた事故などの危険や、それに遭遇して死亡する確率は、自身が病死する確率に較べて格段に小さいのです。事故のように事象の起こること自体が不確実で、発生率が小さい事象については、リスクという概念を導入して考察する必要があり、次の章で解説します。

(5) 乳児死亡率の意味すること

乳児死亡率とは生後一年未満の乳児が死亡する率を、年間出生乳児一〇〇〇人当たりの死亡数で示した数字です。WHOが二〇一一年に世界一九四ケ国を調べたデータでは、この数字が高い国は、残念ながらソマリア、シェラレオネなどアフリカ諸国に多く、一〇〇以上の数字が出ています。中央値は一七、平均値は一九であり、日本は二です。日本も明治時代初めは乳児死亡率は五〇近くもあり、その後、着実に減少したように記憶しています。乳児は衛生状態や環境、医療や食物などの影響を敏感に受けますので、乳児死亡率はその国の衛生環境を示す大切な指標です。

(6) 国際がん研究機関（IARC）による発がん性リスト

国際がん研究機関は、化学物質や環境因子のヒトに対する発がん性の危険度に関して、リスク（危険度）の高いものから順位をつけて下記のように分類しました。

グループ1　発がん性がある　一〇七因子　アスベスト、カドミウム、タバコなど
グループ2A　おそらく発がん性がある　五九因子　ヂーゼル排ガスなど

種別	名称	備考
化学物質	アフラトキシン (Aflatoxins)	通常は混合物
	4- アミノビフェニル (4-Aminobiphenyl)	
	ヒ素およびヒ素化合物 (Arsenic and arsenic compounds)	個々の物質ではなくグループとして評価
	アスベスト (Asbestos)	
	アザチオプリン (Azathioprine)	
	ベンゼン (Benzene)	
	ベンジジン (Benzidine)	
	ベリリウムおよびベリリウム化合物 (Beryllium and beryllium compounds)	グループとして評価
	クロロナファジン (N,N-Bis(2-chloroethyl)-2-naphthylamine; Chlornaphazine)	
	ビス (クロロメチル) エーテルとクロロメチルメチルエーテル (Bis(chloromethyl)ether and chloromethyl methyl ether)	工業用試薬
	ブスルファン (1,4-Butanediol dimethanesulfonate, Busulphan, Myleran)	
	カドミウムおよびカドミウム化合物 (Cadmium and cadmium compounds)	グループとして評価
	クロラムブシル (Chlorambucil)	
	メチル -CCNU（セムスチン）(1-(2-Chloroethyl)-3-(4-methylcyclohexyl)-1-nitrosourea, Methyl-CCNU; Semustine)	抗癌剤
	六価クロム化合物 (Chromium[VI] compounds)	グループとして評価
	シクロスポリン (Ciclosporin)	免疫抑制剤
	シクロホスファミド (Cyclophosphamide)	抗腫瘍剤
	1,2- ジクロロプロパン (1,2-Dichloropropane)	Type3 から Type1 へ昇格
	ジエチルスチルベストロール (Diethylstilboestrol)	
	エプスタイン・バール・ウイルス (Epstein-Barr virus)	
	エリオナイト (Erionite)	
	酸化エチレン (Ethylene oxide)	Type2A から Type1 へ昇格
	エトポシド (Etoposide) - シスプラチン (Cisplatin) - ブレオマイシン (Bleomycins) 併用時	抗腫瘍剤
	ホルムアルデヒド (Formaldehyde)	
	γ線照射	
	ヒ化ガリウム (Gallium arsenide)	半導体
	ヘリコバクター・ピロリ感染 (Helicobacter pylori, infection with)	
	B 型肝炎ウイルスの慢性感染 (Hepatitis B virus, chronic infection with)	
	C 型肝炎ウイルスの慢性感染 (Hepatitis C virus chronic, infection with)	
	ウマノスズクサ属の植物を含有する薬草療法 (Herbal remedies containing plant species of the genus Aristolochia)	

表４－２　発がん性リスク—IARC によるグループ１の物質リスト一覧

化学物質	HIV-1 ウイルスの感染 (Human immunodeficiency virus type 1, infection with)	
	ヒト - パピローマウイルス 16 型の感染 (Human papillomavirus type 16, infection with)	
	ヒト - パピローマウイルス 18 型の感染 (Human papillomavirus type 18, infection with)	
	ヒト T 細胞白血病ウイルス 1 型の感染 (Human T-cell lymphotropic virus type I, infection with)	
	メルファラン (Melphalan)	抗腫瘍剤
	メトキサレンと紫外線 - A 照射 (8-Methoxypsoralen, Methoxsalen)	尋常性白斑治療剤
	MOPP と他のアルキル化抗腫瘍剤の併用療法	抗腫瘍剤
	マスタード・ガス (Mustard gas, Sulfur mustard)	
	2-ナフチルアミン (2-Naphthylamine)	β- ナフチルアミンとも
	中性子線 (Neutrons)	Type2B から Type1 へ昇格
	ニッケル化合物 (Nickel compounds)	グループとして評価
	更年期以降のエストロゲン療法 (Oestrogen therapy, postmenopausal)	
	非ステロイド性エストロゲン様物質 (Oestrogens, nonsteroidal)	個々の物質ではなく グループとして評価
	ステロイド性エストロゲン様物質 (Oestrogens, steroidal)	個々の物質ではなく グループとして評価
	タイ肝吸虫の慢性感染 (Opisthorchis viverrini, infection with)	
	経口避妊薬の組合せ (Oral contraceptives, combined)	個々の物質ではなく グループとして評価
	経口避妊薬の常用 (Oral contraceptives, sequential)	
	リン -32 標識リン酸 (Phosphorus-32, as phosphate)	
	プルトニウム 239 と放射壊変物のエアロゾル (Plutonium-239 and its decay products, as aerosols)	プルトニウム -240 と同位体も含む
	ポリ塩化ビフェニル (Polychlorinated biphenyls)	Type2A から Type1 へ昇格
	放射性ヨウ素（^{131}I を含む）被曝 (Radioiodines, short-lived isotopes, including iodine-131, (exposure during childhood))	原子炉事故あるいは 核兵器爆発で発生
	α線放射核種の内部被曝 (Radionuclides, a-particle-emitting, internally deposited)	個々の物質ではなく グループとして評価
	β線放射核種の内部被曝 (Radionuclides, b-particle-emitting, internally deposited)	個々の物質ではなく グループとして評価
	ラジウム 224 と放射壊変物 (Radium-224 and its decay products)	
	ラジウム 226 と放射壊変物 (Radium-226 and its decay products)	
	ラジウム 228 と放射壊変物 (Radium-228 and its decay products)	
	ラドン 222 と放射壊変物 (Radon-222 and its decay products)	
	ビルハルツ住血吸虫への感染 (Schistosoma haematobium, infection with)	
	石英結晶 (Silica, crystalline)	cristobalite 粉塵の吸引

化学物質	太陽光曝露 (Solar radiation)	紫外線による
	アスベスト様繊維を含むタルク (Talc containing asbestiform fibres)	
	タモキシフェン (Tamoxifen)	抗腫瘍剤
	2,3,7,8- 四塩化ジベンゾ - パラ - ジオキシン (2,3,7,8-Tetrachlorodibenzo-para-dioxin)	Tyype2AからType1へ昇格ダイオキシン類の一つ
	チオテパ (Thiotepa)	
	トリウム 232 トレーサーの静脈投与と放射壊変物 (Thorium-232 and its decay products, administered intravenously as a colloidal dispersion of thorium-232 dioxide)	トレーサーとしてのトリウム-232 二酸化物コロイド
	トレオサルファン (Treosulfan)	
	トリクロロエチレン (Trichloroethylene)	Type2AからType1へ昇格
	塩化ビニルモノマー (Vinyl chloride)	
	X 線照射	
混合物	アルコール飲料 (Alcoholic beverages)	
	加工肉 (Processed meat, consumption of)	ハム、ベーコン、ソーセージなど
	フェナセチンを含む鎮痛剤 (Analgesic mixtures containing phenacetin)	
	ビンロウジュの実 (Areca nut)	
	タバコと併用のビンロウジュ噛み (Betel quid with tobacco)	
	タバコなしのビンロウジュ噛み (Betel quid without tobacco)	
	コールタール残渣 (Coal-tar pitches)	
	コールタール (Coal-tars)	
	未処理あるいは粗処理の鉱油 (Mineral oils, untreated and mildly treated)	
	中国式塩蔵魚 (Salted fish, Chinese-style)	
	シェール油 (Shale-oils)	
	煤煙 (Soots)	
	無煙のタバコ製品 (Tobacco products, smokeless)	
	木工粉塵 (Wood dust)	
環境	アルミニウム精錬従事 (Aluminium production)	
	飲料水中のヒ素含有環境 (Arsenic in drinking-water)	
	オーラミンの製造に従事 (Auramine, manufacture of)	
	靴製造あるいは修理に従事 (Boot and shoe manufacture and repair)	
	石炭ガス製造に従事	
	コークス製造に従事 (Coke production)	
	木工家具製造環境 (Furniture and cabinet making)	
	赤鉄鉱地下採掘でのラドン被曝環境 (Haematite mining (underground) with exposure to radon)	
	受動的喫煙環境 (Involuntary smoking)	

	鉄の鋳造環境 (Iron and steel founding)	
	強酸プロセスによるプロパノール製造に従事 (Isopropanol manufacture, strong-acid process)	
	マゼンタ染料製造に従事 (Magenta, manufacture of)	
	塗装専従環境 (Painter, occupational exposure as a)	
	ゴム産業に従事 (Rubber industry)	
	硫酸を含む強い無機酸ミストに常時さらされる環境 (Strong-inorganic -acid mists containing sulfuric acid, occupational exposure to)	
	タバコの喫煙 (Tobacco smoking)	
	紫外線を発する日焼けマシーン (UV-emitting tanning devices)	

グループ2B　発がん性があるかもしれない　二六七因子　ガソリン排ガスなど

グループ3　発がん性が分類できない　五〇八因子　原油、カフェインなど

グループ4　おそらく発がん性はない　一因子　ナイロンの原料

表4－2にIARCがグループ1とリストした物質などを示しておきます。

5章　疫学からリスク科学へ　―リスクとは―

(1)　疫学とは

前章で人間のいのちのさまざまな危険についてみてきました。いのちの危険の可能性を「いのちのリスク」という言葉でいうことにすれば、いのちのリスクの程度（量）を知りたいものです。そのためには、これまで人間のいのちを奪ってきたさまざまな原因を整理し、危害の程度を量的に調査しなければなりません。

人間のあつまり（集団）のなかで、人々がどんな病気でどのくらいの数で死亡したかを調べ、生命を脅かす病気の原因について追究する学問を疫学といいます。つまり、疫学とは、ある地域の住民とか、ある職場で特定の作業をする人々など、複数の人間の集団で発生したさまざまな健康事象（生死や特定の傷害や病気の発生数）を量的に調べ、その集団で起こる健康事象を解析し、その原因を追究する学問です。

昔はコレラやペストなど、伝染病による死亡の場合は、死亡を起こす原因が一種類の病原微生物であったし、環境汚染の場合も、ある特定の工場からの排出化学物質が特異な傷害（たとえばチッソ化学工場からの有機水銀汚染による水俣病）を発生させるなど、その原因の追究は比較的簡単でした。しかし、現代では、がんや心臓病などの成人病や難病などは、病気の発生の原因に複数の因子が絡み、時間をかけて徐々に障害が発生してくると考えられ、原因の追究は容易ではありません。そのため、多数の人々の集団から地道にデータを収集し、さまざまな因子について長期間の調査・研究を行うことが不可欠です。つまり、疫学とは自身を実験台にのせる代わりに、人間集団の生存や死亡についてのデータをとって調査し、健康や疾病事象を研究する学問です。

(2) 疫学からリスク科学へ

さいわい、日本や先進国では国が人口動態調査を定期的に行い、人の生死や死亡の原因（死因）に関する資料が整備されています。前章で、日本における三大死因や平均寿命の推移、そして主要死因別にみた死亡率（人口一〇万対）の経年的変化（図4－2）や部位（臓器）別の悪性新生物の死亡率の経年的変化（図4－4）をみてきました。こうした疫学的データを直視することにより、生命に危険を及ぼした原因がわかりました。

しかし、私たち自身にとって、今知りたいことや、当面考えるべきことは、将来的に起こるいのちの危険の可能性、すなわち、リスクが問題なのです。ここで、私たちの使う言葉の定義、すなわち意味をハッキリさせましょう。

「リスク」は外来語であり、そもそもリスク自体が不確実性を含む概念であり、専門家ですら、言葉の定義を不明確にして議論する人が多い現状は残念なことです。この問題を解決するには、リスクそのものを対象とする学問を作り出し、科学的な思考方法と手段を使って積極的に社会や個人がリスク対策を実行することが必要です。私はリスク科学を樹立することを提案し、リスク問題について幅広く解説をしました（拙著『リスク科学入門』東京図書、一九八九）。

リスク科学は、単なるリスク研究、リスク論ではなくて、さまざまなリスクを低減するために、リスク関連のさまざまな情報を集め、リスクに関する普遍的情報を集約して、法則性を探り、さまざまな危険に対処するための科学的対策に資することを目的とします。

かつて英国の政治算術（グラント、ペテイ、ケトレなど）の伝統、保険業の発展の中で客観的リスクの期待値の算出手法が育ちました。戦後民主主義の浸透や生活の向上や環境問題の激化に伴って、為政者や国民が意思決定をする際に、環境その他に対する「リスク・アセスメント（後述）」の必要が生じました。また欧米を中心に、人々、特に為政者や事業者はコストの面からも、災害予防の重要性を理解し、より広い視野から危険や危機の管理、すなわち「リスク・マネージメント」を推進するようになりました。

(3) リスクとハザード

まず、リスクの前にハザードという言葉があります。ハザードとリスクを区別せず、混用して使用する専門家が多いのは残念なことです。例を使って言葉や事柄の正しい意味や使い方を考えてみましょう。

たとえば、地盤の悪い土地の崖ふちに家を建てたとします。もし大地震がくれば、その家は倒れて破壊する可能性があると思われます。この場合、地震（危険の原因）や、地盤の悪い崖（危険物）や、そこにある家（危険物）、家が倒壊すること（生じた傷害）などは、どれもハザートです。

そして、家屋が倒壊する可能性（傷害の可能性や不確実性）をリスクといいます。また、ある人が急性伝染病に罹患し、高熱を出しました。その伝染病を起した病原菌や高熱は伝染病のハザードであり、伝染病に罹って傷害を受ける可能性を伝染病のリスクといいます。ただし、ネイティブに英語を使用する人々や国でも、リスクやハザードを混用する例はさまざまあります。

リスクとは、そもそも可能性に関する確率や不確実性を含む概念なので、大きな安全幅が見込まれており、可能性に関する確率をゼロにすることは本来困難な（不可能に近い）ことです。一方ハザードは、現実の障害や傷害を直視して評価すべきものなので、ハザード・アセスメントは仮想的なリスクだはなく、データに基づいて現実が評価され、これらを基礎に安全余裕を見積りつつ、現実的な対策基準の設定がなされるべきものと思います。

リスクやハザードの大きさを科学的に考え、議論する場合は、それらの概念を厳密に定義し、計量の単位とデイメンションを明確にするべきで、私は、以下のように整理しました。

1．**ハザード** hazard とは、危険事象の潜在を示す言葉で、危険の潜在性（ポテンシャル potential）を示すために、単位時間当たりの危険事象の発生確率、瞬間事象発生率 instantaneous incidence rate；$(IR)_t$ で示され、具体的には、時刻 t における $(IR)_t$ は、観察された危険事象発生数（人）／観察された総人・時間　であるゆえ、そのデイメンションは $\{T^{-1}\}$ です。

2．**リスク** risk とは、危険事象発生の可能性や不確実性を示す言葉で、危険事象の発生確率 cumulative incidence（CI）で示され、時刻 t における $(CI)_t$ は、ある期間内の事象新発生数／期間はじめの時点の人口で、

$(CI)_t = 1 - \exp(-\int_0^t IR\,dt)$ で、｛確率｝ですからデイメンションはありません。

3．ここで、リスクの期待値 ER expected risk を計算することを考えましょう。

それには、

a．リスク期待値 ER は　ER＝リスク確率 x 重篤度　で、危険の重篤度や被害を金銭や物量

で換算すれば、金額などさまざまな量となります。

b. ある危険や災害で失われた人の期待寿命損失 loss of life expectancy（LLE）や、傷害で失われた労働損失日数などを計算します。すなわち、期待寿命損失 LLE は、LLE＝E－E″で、平均人の平均寿命 E と、問題のリスク要因が存在する集団での平均寿命 E″（または問題のリスク要因がない集団での平均寿命）との両者の差で計算し、単位は時間〔T〕となります。

4. リスクの絶対的評価と相対的評価

少し専門的な話となりますが、疫学調査により、ある有害因子に曝露した人たちと、曝露しない人たちのなかで、ある症状を出した人と出さなかった人の人数を調べて表5－1に示す四分表をつくり、曝露の有り無し、または曝露量別の症状発生率を計算し、比較し、寄与危険度 attributable risk や、相対危険度 relative risk、相対リスク RR を計算します。寄与危険度は rate difference で、傷害の付加分を表します。相対危険度は rate ratio で、近似的に ad／bc となり、オッズ odds 比ともいい、異なる集団の危険度の比を簡便に示す場合に用います。

	発病あり	発病なし	合計人数
曝露あり	a	b	m_1
曝露なし	c	d	m_2
合計人数	n_1	n_2	N

表5－1　リスク要因曝露と疾病発症との関連を調べる四分表

5. 標準化死亡比（SMR）

死亡率は年齢によって大きな違いがあるため、標準的な仮想の年齢構成に合わせて基準死亡率を計算し、互いに異なる地域の死亡率の大雑把な比較を簡略に行う場合に使われます。標準化死亡比とは、ある地域の死亡数と標準的期待死亡数との比のことで、標準化死亡比(SMR)は、観察集団の実際の死亡数を、(基準となる集団の年齢階級別死亡率X観察集団の年齢階級別人口を総和したもの)で除して、計算します。

(4) リスクのものさし

以上のように、リスクを表現するには、①確率 Rate(死亡率や発生率などの Incidence と有病率 Prevalence)、②相対比 Ratio(これには Rate-Ratio すなわち Relative Risk である相対リスクと、Ratio = SMR である標準化死亡比)があり、さらに③寿命損失 Loss of Life-span や、休業日数 Man Day Loss、および、④全体的時間変動トレンド(ヘルス・トランジション)など、さまざまな手法や単位があります。これらを、注意深く見つつ、発表者も量の意味や単位を明確に表現することが重要です。

したがって、リスクのものさし、すなわち計量的リスク指標の選択には、まず何をターゲットとして調査し、危険の結果(Consequence)を、どういう側面で見て、何を測るかを明確にしま

要因	年間死亡者数	リスク
交通事故	10913	8.65×10^{-5}
転倒・転落	6722	5.33×10^{-5}
火災／煙火による事故	1498	1.19×10^{-5}
不慮の溺死	5716	4.53×10^{-5}
不慮の窒息	8570	6.79×10^{-5}
不慮の中毒・有害物曝露	814	0.65×10^{-5}
他殺	705	0.56×10^{-5}
自殺	32109	25.45×10^{-5}
感染症および寄生虫症	20982	16.63×10^{-5}
うち結核	2337	1.85×10^{-5}
肺炎・気管支炎	96003	76.10×10^{-5}
妊産婦死亡	74	0.06×10^{-5}
糖尿病	12879	10.21×10^{-5}
循環器疾患（心臓病・脳卒中など）	312382	247.65×10^{-5}
悪性新生物　（がんなど）	309543	245.40×10^{-5}
老衰	23449	18.59×10^{-5}
不慮の事故死総数	38714	30.7×10^{-5}

表５－２　日常生活における代表的リスク要因（日本の死亡統計〈平成15年〉から計算されたさまざまな死亡確率）

す。通常、危険の大きさを考える場合、ある状況や条件下での危険事象の発生する頻度を調べます。現実的には人口動態統計や産業統計などのデータを参考にして、問題にかかわる集団と、それ以外の一般の人々の集団での発生値とを比較して、リスクの量的推定をします。

　また、さまざまな危険因子の大きさを比較するには、国が公表している死因別年間死亡統計データを基にして計算し、表５－２を作成します。このリスク要因別の死亡率をみると、事故による死亡率は日常的に発生する病死などに比べて量的に大きな違いがあるので、これらの量は桁の差に注意して比べます。そのため、対数スケールにして描くと、広い範囲に及ぶ数字を表現できます。

　病死は年間一〇万人あたり一〇〇～五〇〇人発生する場合、10^5分の10^2～10^3程度なので、病死の確率は当然のことながら事故死の数十倍です。死亡率は年齢によって大きく異なる（(7)節　バスタブ・カーブ参照）ので、大雑把に見て病死のリスクは年あたり一〇〇〇人に一人か一〇〇人に一人、すなわち、10^{-3}〜10^{-2}と表現します。交通事故は大体多くても10^{-4}、火災死は10^{-5}、自然災害は10^{-6}、すなわち年あたりの確率は一〇〇万分の一、などと表現します。通常は統計上の理由から、一年間あたりのリスクで表現することが多いのですが、一方、人の生涯にわたっての発生率を計算してリスクを表現している場合（生涯リスクという）もありますので、リスクの表現には、条件や単位やディメンジョンに注意すべきです。

リスクの量を感覚的にわかりやすくするために、発生率の桁ごとに明示したものが表５－３です。

危険性(1/年)	事象	
10^{-2}	全死因による死亡	7.7×10^{-3}
	疾病	7.1×10^{-3}
10^{-3}	悪性新生物	2.4×10^{-3}
	心臓疾患	1.2×10^{-3}
	脳血管障害	1.0×10^{-3}
10^{-4}	不慮の事故	3.1×10^{-4}
	自殺	2.3×10^{-4}
	交通事故	9.8×10^{-5}
10^{-5}	窒息死	6.5×10^{-5}
	転倒	5.1×10^{-5}
	溺死	4.6×10^{-5}
	他殺	6.0×10^{-6}
10^{-6}	安全目標値	10のマイナス6乗レベル

表５－３　身近な健康リスクとそのレベル

(5)　リスク・ファクター

人の健康にマイナスの影響を与える要因や、生命に危険をあたえそうな要因は、自身の身体の中にも外側の環境にもさまざまあります。それらをリスク・ファクター、または健康リスク要因といい、表５－４に整理してみました。それらはどれ一つをとり上げても、健康やいのちのリスクの原因となる重要な因子です。

リスク源	リスク・ファクタ	リスク
1．産業活動	有害化学物質（水銀，カドミウム，ＰＣＢ，アスベスト，タール，塩化ビニール，有機スズ，ニッケルなど） 大気汚染物質（鉛，SO_x，NO_x，フロン，CO_2，粉塵など） 農薬（有機リン，ハロゲン系炭化水素剤など） 放射性物質（クリプトン８５，トリチウムなど） 放射線，磁場 産業廃棄物	★環境生態系の破壊 緑の欠乏 土壌の悪化 有用生物の減少 有害生物の増加 酸性雨 地球の温暖化など
2．都市化	生活廃棄物（ゴミ，下水）ダイオキシン 過密都市化，騒音 森林伐採，過放牧，過剰漁獲 風化，洪水，砂漠化	★人為的災害の増加 交通事故，職業性障害の増加，精神的退廃 ★自然災害の増加
3．日常生活	食餌　自然変異源（アフラトキシンフィチン） 食品添加物（ＡＦ−２，サッカリン） 調理等で生ずるもの（ジメチルニトロサミン，ニトロピレン，ホルムアルデヒド） 喫煙，酒，コーヒー飲用などの生活習慣 薬剤（フェナセチン，合成ホルモン剤の一部，フェノバルビタール他） 放射性物質（ラドン），Ｘ線撮影など 有害動植物，細菌，ウィルスなど	★健康被害 発癌の増加 心臓，脳卒中の増加 感染症の増加 家庭内事故
4．個人的要因	年齢，性，人種 遺伝的要因 免疫異常，内分泌異常 ストレスの多い生活 肥満と運動不足	

表５-４　健康を脅かすリスク・ファクター（危険因子）と
リスク（危険の可能性）

健康リスクの発生源はいたるところに存在します。スエーデンのリスク・アカデミー報告では、リスク問題とストレス要素を要約して各種の項目を挙げているので、日本で最近話題になった卑近な要因も含めて下記に示します。

リスクの発生源としては、

自然の危険性：落雷、地震、竜巻、洪水

事故：交通事故、火災、家庭での落下、溺死、爆発

暴力行為：戦争、テロリズム、犯罪、自殺

科学技術による災害：化学薬品、原子力、ガス

疾病：流行病、結核、ＡＩＤＳ、心臓疾患、がん、ＳＡＲＳ、ＢＳ

客観的リスク	objective risk	同じ状態に直面するすべての人に共通なリスク。
主観的リスク	subjective risk	客観的リスクに対する個々人の異なる予測。
純粋リスク	pure risk	損害のチャンスのみで利得のないリスク。自ら除去しようとする。
投機的リスク	speculative risk	両者がある。自ら引き受ける。
静的リスク	static risk	天変地異や常態的犯罪によるものなど。
動的リスク	dynamic risk	社会や人間の欲求の変化に伴って変わる。投機的なものも含む。
基礎的リスク	fundamental risk	下記以外のリスク。
特殊的リスク	particular risk	原因と結果が個人的なもので、比較的簡単に制御可能。常に純粋リスクである。
随意的リスク	voluntary risk	個人が自発的意思に基づいて行動して受けるリスク。
不随意的リスク	involuntary risk	個人が自発的でなく社会によって強制されて参加し引き受けるリスク。

表5－5　リスクの概念的分類

E、鳥インフルエンザ
環境：オゾン層の破壊、公害、煙害、ラドン、騒音、ダイオキシン
職業：鉱業、有毒薬品、放射能、騒音
社会：失業、麻薬、喫煙、飲酒、低栄養、過栄養

などが挙げられます。

なお、医学の専門家は、特に疾病をもたらしやすい要因をリスク・ファクターといい、例えば、「塩分のとりすぎや高血圧は脳卒中のリスク・ファクターだ」というようにこの言葉を使います。

(6) リスクの種類

リスクは、発生源の種類のみならず、リス

クの概念の違いで、リスクの意味や量の評価法も違ってきます。表5－5にリスクの概念の違いによるリスクの意味を対比しつつ、リスクを分類してみました。

リスクとは「望ましくない事象（本書ではいのちの危険や危害）が起こる可能性とそれに伴う不確実性」のことですが、まずは大きく分けて、客観的リスクと主観的リスクを分けるべきです。主観的リスクは、リスクを感じる個人によって大きな個人差があるため、第三者が客観的科学的資料に基づいて計算する推定値とは大きく異なる場合があります。また、為政者にとっては人々の危害を避けるためのリスク対策を施行する場合、その危害が、個人が自発的行動に基づいてもたらされる（＝随意的リスク）か、個人の意思に関係なく社会から強制的に引き受けさせる（＝不随意的リスク）かによって、対策の責任や費用の分担を充分に考慮する必要があります。

(7) リスクと故障曲線

戦争や事故による死亡は衝撃をもって人々の脳裏に刻まれますが、現実は私たちの日常のなかで起こる病死こそ、数からいって最大であり、その確率は年齢とともに増加します。年齢を横軸として死亡率をプロットすると、図5－1のような図が得られ、これを専門家はバスタブ・カーブといっています。この曲線は別名「故障曲線」ともいい、生物でも機械でも、生まれた直後または製造された直後は故障が多く、これを初期故障といい、故障発生率が高く、その後の中間期は事故などの偶発的原因による偶発故障期となり、故障は少なく多少安定していますが、年数を重ねると再び年数に応じて故障が増える磨耗故障期になります。人には個人差はあれ、誰しも経験的に、年齢を重ねれば何かと身体に故障が増え、病院通いが増えることを実感します。人も機械も、予防には年齢や使用期間に応じた対策が必要です。

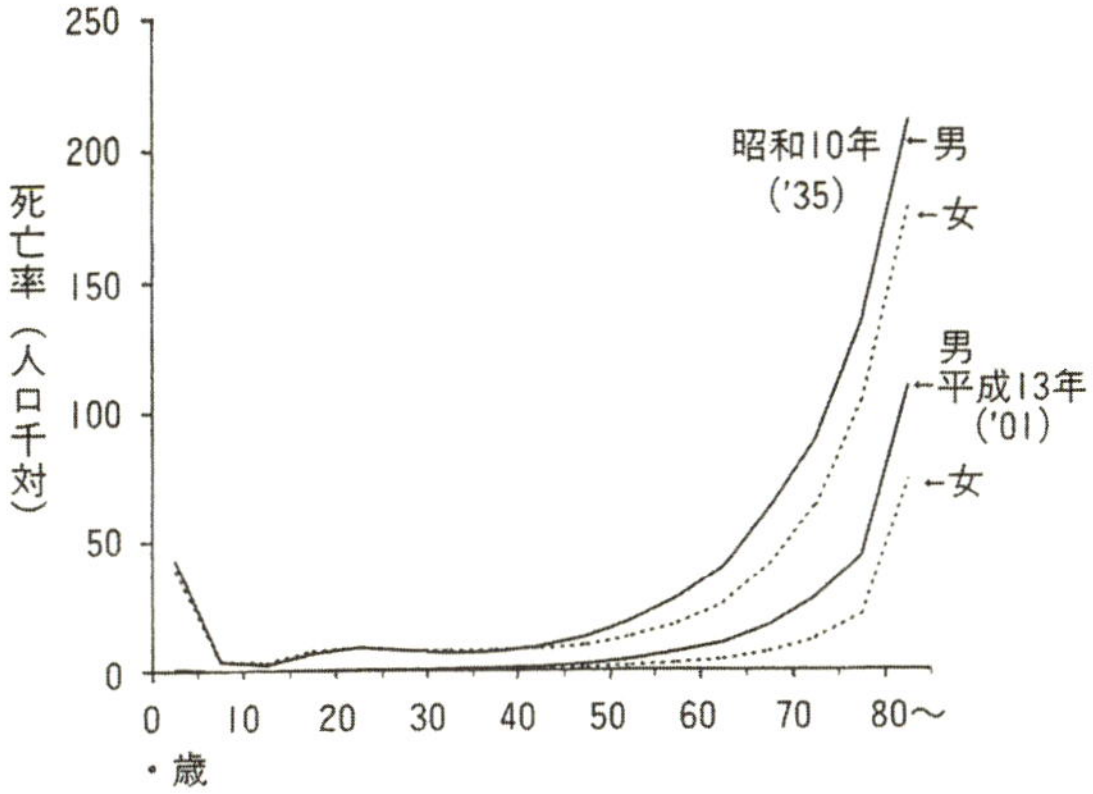

図5－1　性別にみた年齢階級別死亡率（人口千対）の年次比較（バスタブ・カーブ）

(8) ヒヤリ・ハット則

ハインリッヒ（Heinrich）の法則はヒヤリ・ハット則ともいわれ、リスクを考える際、重要なことです。ハインリッヒは、図5－2に示すように、通常一件の死亡などの重大事故の発生の背後には、同様な要因に由来する約一〇件の身体傷害事故が発生し、約三〇件の物理的損傷などの中程度の事故が発生している。しかも、その背後に、約三〇〇件のヒヤ

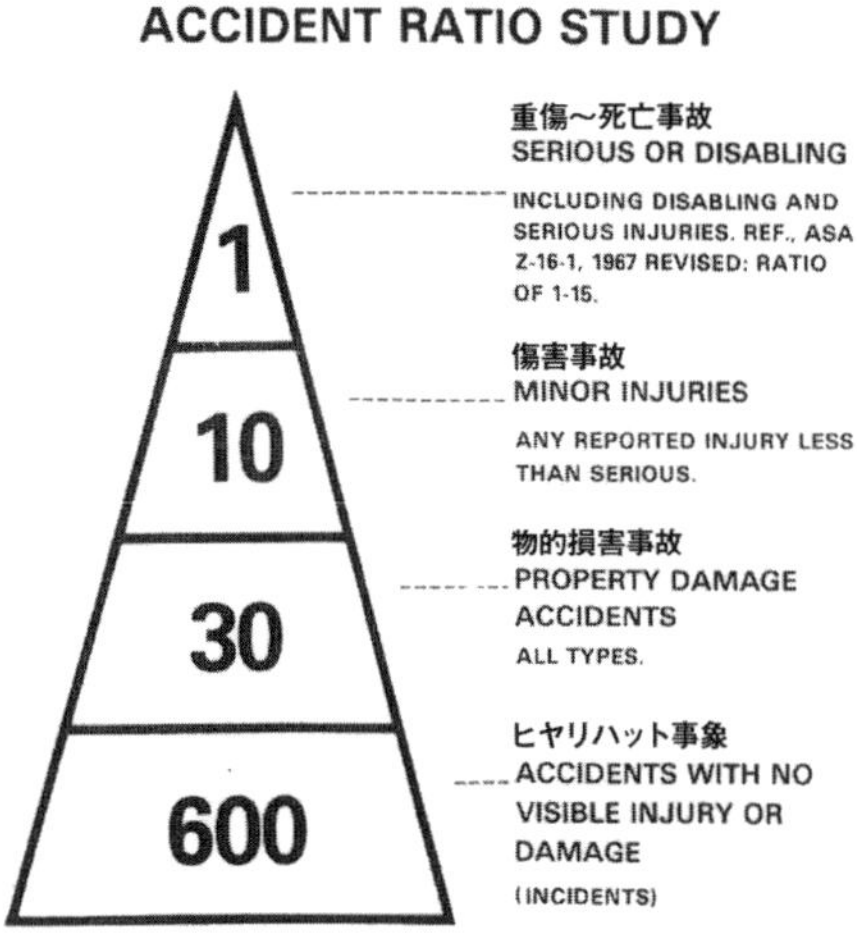

図５−２　ヒヤリ・ハット（Heinlich）の法則図

リ・ハット事象など、事故にはならなかったが潜在的事象があり、ニアミスも含めると、一事故の底辺は三〇〇ないし六〇〇件程度のヒヤリ・ハット現象があることを経験的に見出したのです。

このことは、逆に事故を予防するには、ヒヤリ・ハット事例に関するデータを、日々きちんと記録保存して、分析して、それら小さな事象を一つ一つ解決し、予防する措置をとることにより、重大事故の発生を防ぐ活動につなげていけるということです。

こうして、現在ではリスク管理の一手法として、ヒヤリ・ハットに注目し、たとえ小さなことでも日常性の中の潜在的危険事象（ハザード）を見出し、適切な予防対策を練り、実施することこそ、安全管理者（リスク・マネージャー）の務めだということが認識され始めました。私は永年、ヒヤリ・ハット則を著書で公表し、公衆に周知させたい、そして職場に形だけではなく心を持ったリスク・マネージャーを教育・設置して欲しいほしいと望みつつ生きてきました。

(9) リスク・アセスメントのプロセスとリスク・マネージメントの戦略

オーストラリアの知人のリスク・マネージャーから、安全会議や管理を進めるための「5Pの原則」というのを聞きました。5つのPとは、①Prerare, ②Pinpoint, ③Personalize, ④Picturize, ⑤Prescrive の五語で、リスクに対しては、まず、①準備する、②重点を洗い出す、③自分の身になって考える、④視覚的にイメージする、⑤処置を処方する、の各項目を実践しつつ、みんなで安全について議論するとのことでした。その一日後に、私はシドニーのショッピングセンターのリスク・マネージャーを紹介されたので、「どうして愉しい買い物のデパートにリスク・マネージャーがいるのか」と不思議に思いました。それから一五年も過ぎた先年、日本で大型店の自動回転ドアーに子どもが挟まれて貴重ないのちを落とす事件が発生しました。私はリスク管理の重要性を再認識した次第です。

日本では、どこの事業所でも安全管理者の名が表示されてはいますが、単に所属長の名が形式的に書かれているだけで、本当に安全の意味を日々確認しながら事業を進める現場の責任者の存在は目に見えていない現状です。残念ながらオーストラリアとは格段の違いです。

図5－3は、リスク対策のためにこれまで試みられているいろいろな作業を、リスク・マネー

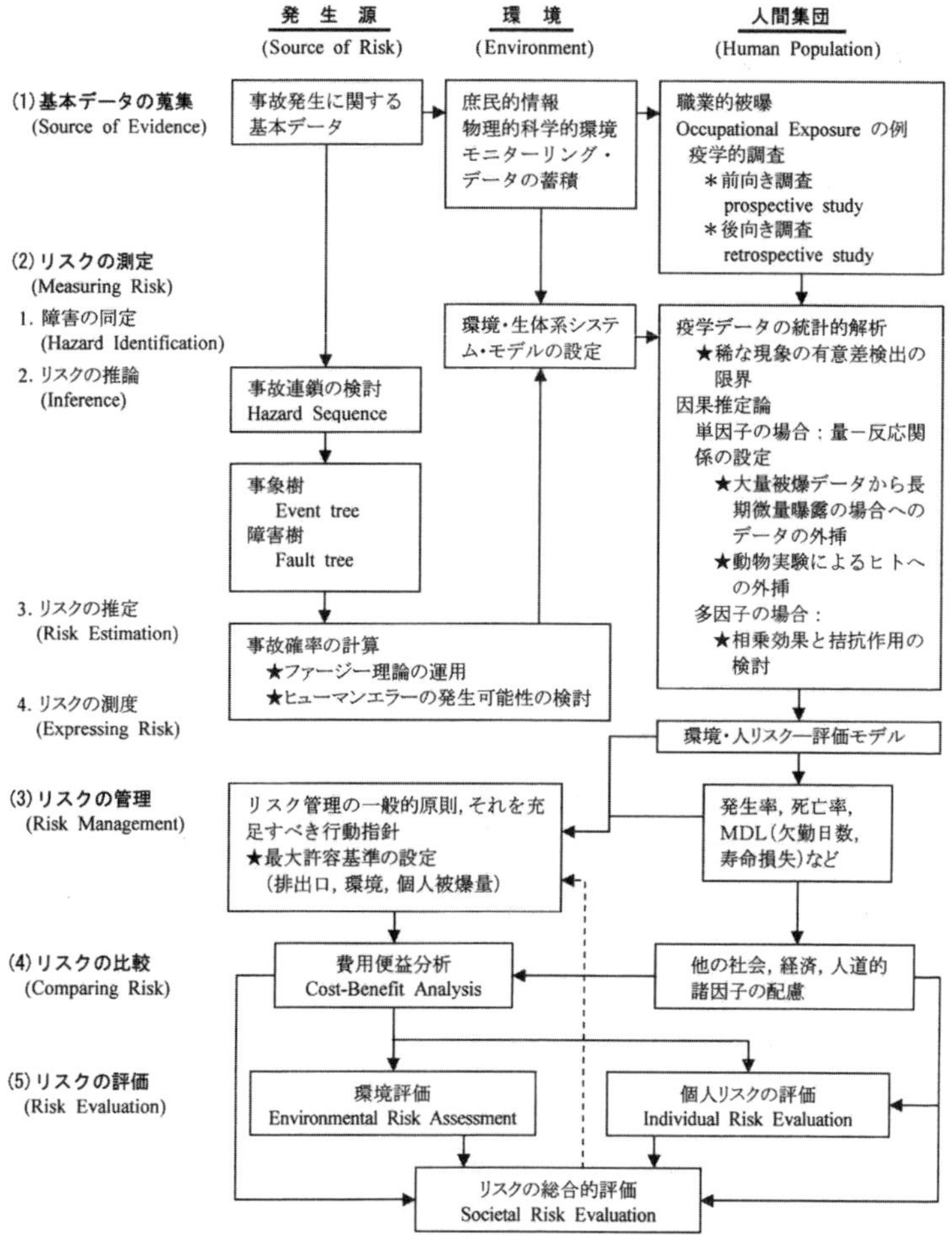

(松原原図)

(対象を＿＿で、行動を□で、問題点を★で示す.)

図5－3 リスク・アセスメントの戦略

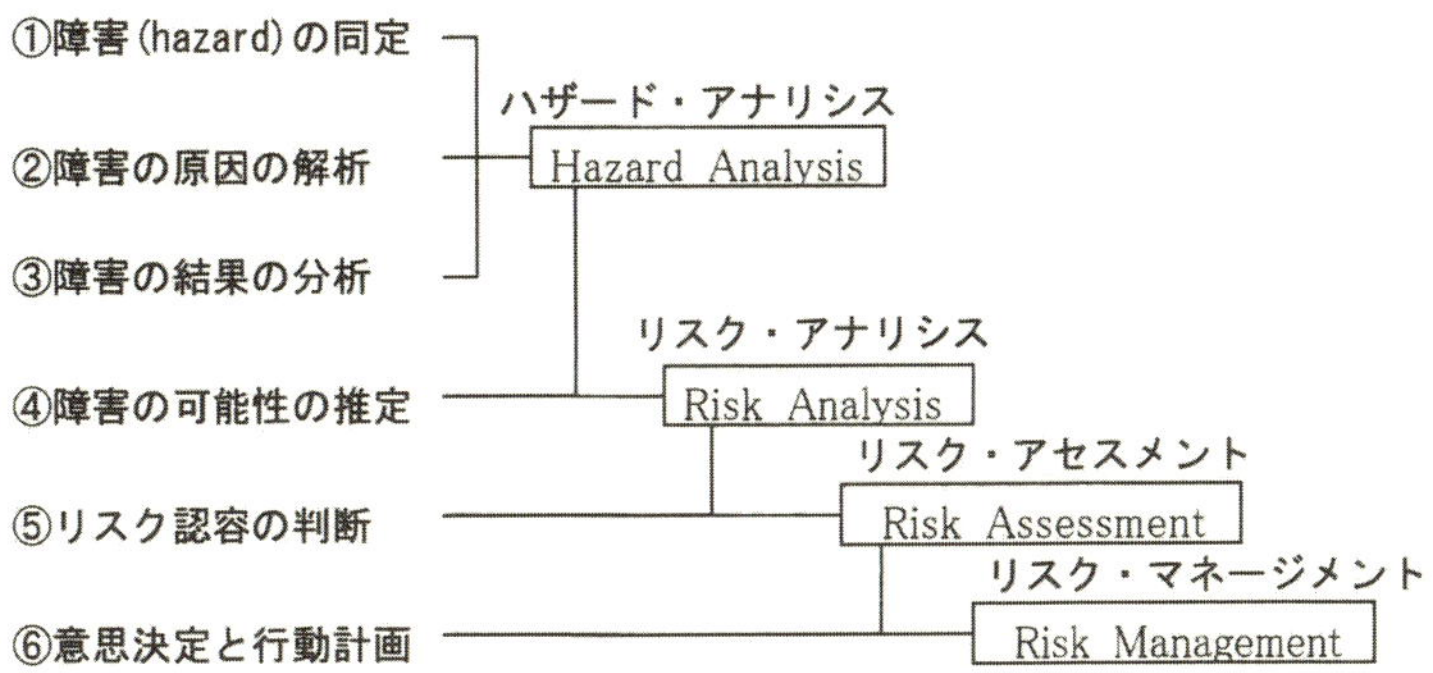

図5－4　リスク評価の手順

ジメントの戦略という視点で個々の位置づけを行い、その全体像を図で示したものです。まずは、事故経験や現実を直視し、リスクの発生源に注目して、人や人の集団にどういう危険や影響を与えるかを総合的に評価します。リスク・アセスメントは基本データの収集↓リスクの測定↓リスクの推定↓リスクの評価↓リスクの管理・対策という作業のうち、リスクの推定や評価までを指し、リスク・マネージメントは対策までを含めたより広い概念です。これらの作業は、リスクの発生源、環境、人間集団という場で行っていくもので、リスクに応じた固有の特徴や対策があります。

また、これらの作業手続きは、リスク評価の手順として、概念的には図5－4のように表現することもできます。リスク評価の結果は、社会や会社の要員にしっかり理解をしてもらい、全社的に対策を実行してもらう必要があります。

⑽　人々のリスク認識

誇大に推定されやすいリスク	過小に推定されやすいリスク
すべての事故	種痘による副作用事故
自動車事故	糖尿病による死亡
妊娠・出産等に伴う危険	胃がんによる死亡
台風などの災害	落雷による感電死
洪水などの災害	脳卒中による死亡
ボツリヌス菌中毒	喘息による死亡
がんによる死亡	肺気腫による死亡
火　災	
毒ヘビなどの害	
殺人事件による死亡	

表５－６　死亡頻度に対する誤った予想

一般に公衆にとっては、現実の危険発生率に比べ、過大に危険やリスクが大きいと考える事象と、反対に危険やリスクを過少評価している事象とがあり、それらを社会心理学者ポール・スロビック博士は表５－６のように示しました。一般に、事故、がんによる死亡、出産に伴う危険などは過大に認識されがちですが、反対に、糖尿病、脳卒中、落雷などのリスクは過少評価されがちです。人々が危険を現実より高いと感じるものは、自身で確かめ難いこと（未知性）や、いったん事故が起こると規模が大きく重篤なこと（大規模性や重篤性）に関係しているとスロビック博士は指摘しました。

私も一九九〇年代に、首都圏および北海道中標津地区、それぞれの地域の中学校の生徒や父兄各五〇〇名を対象に、自動車、バイク、タバコ、火力発電、航空機旅行、原子力発電など三〇項目について、危険と感じる程度と、役に立つと思う程度を、質問紙により調査しました。それらの項目に対する感じ方は、地域差も年齢差もほとんど見られず、教育やマスコミが浸透しているせいか、日本では人々は皆標準的かつ常識的な均一的な見方

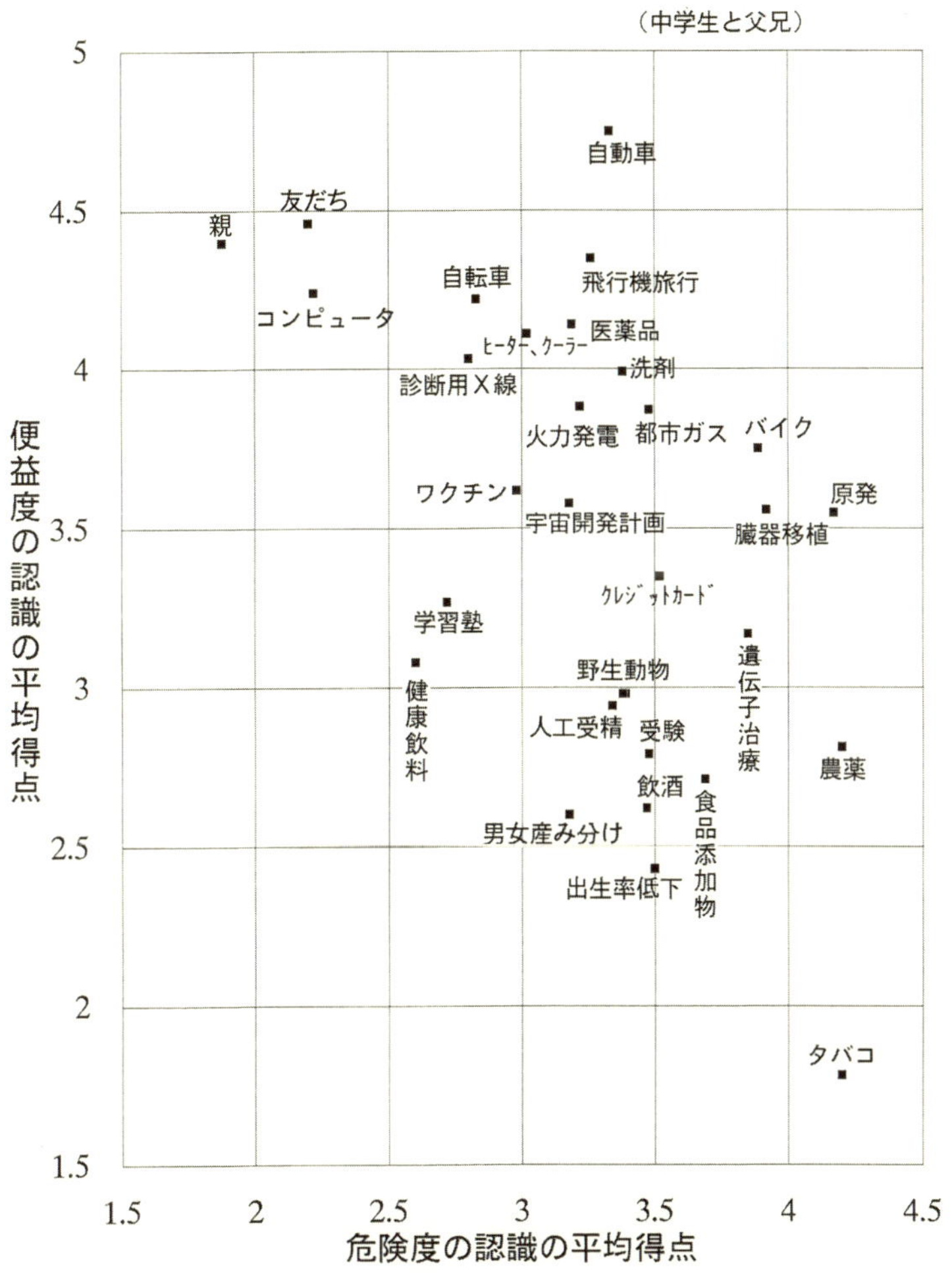

図５-５　日本人の危険度および便益度の認識

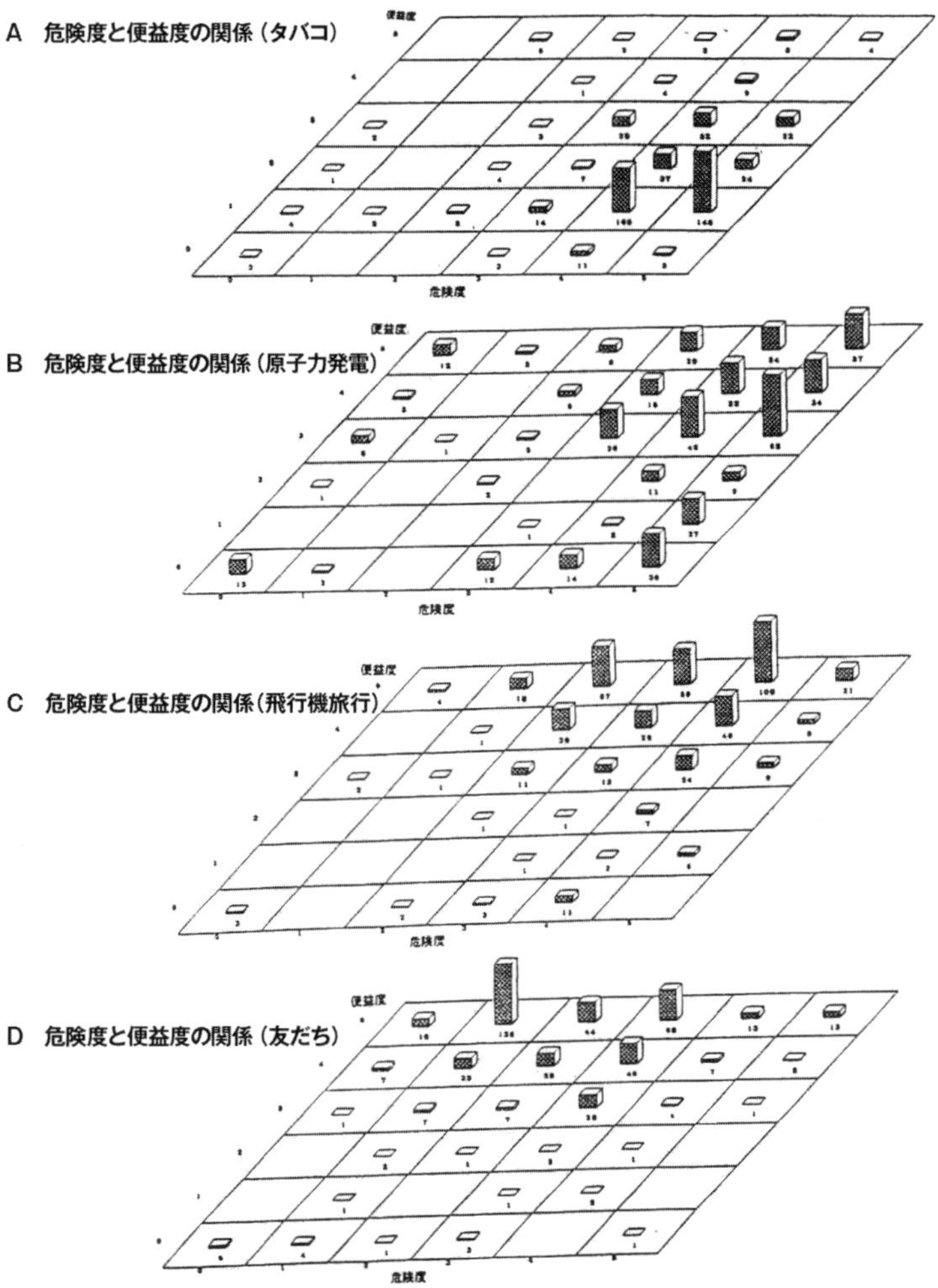

図5-6　リスク要因に対する危険度と便益度の認識の4類型

をしているという結果でした。図5－5は危険認識度を横軸に、便益認識度を縦軸に各項目を記したものです。図5－6は危険認識度と便益認識度の項目別の差異を、タバコ、原子力発電、飛行機旅行、友だちの四つの項目について示したものです。

しかしながら日本人は国民の教育水準が高く、普及しているにもかかわらず、図5－7に示すように、欧米人に比べて、科学や新しい発見に対して関心を示す人が少ないのは残念な状況です。

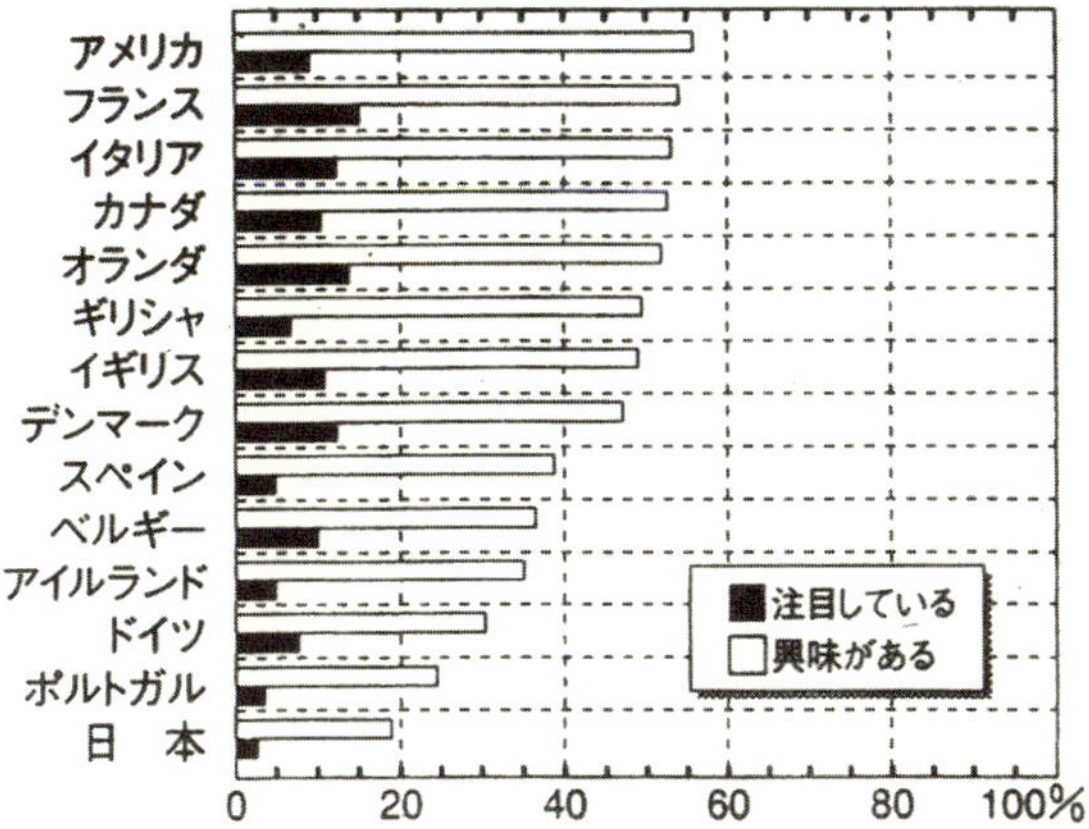

図５－７　科学技術に対して関心を持っている市民の割合の国際比較

6章　いのちにかかわるリスクの比較

誰しもいのちにかかわる危険を「怖い」と感じますが、その危険の大きさや程度や重篤さを「量的に表現するデータや方法」を3章や4章で示しました。その際、いのちの危険に関するデータとして、各国や日本の厚生労働省が発行する人口動態や事故発生に関する統計データを用いました。

誰しも気になり関心のある、いのちの危険度の比較をしましょう。リスクの大きさの比較は、第一に、リスク要因別の死亡率や発がん率、事故の発生率などを比較すること、第二に、リスク要因別の人の寿命損失年数に着目し、現実として各リスク要因によってどのくらい人の生命が奪われ、影響が続いたかを客観的に比較するという方法があります。

また、第三の視点として、リスクや損害の程度を支弁費用（コスト）、すなわち金銭で比較する試みも行われています。一般的には生命の危険に関するリスクや損害の大きさの評価は物質的および人的被害に関する客観的データを基にして行われます。

他方、人々の安心や不安の程度は主観的なもので、人によって危険や損失の大きさや深刻さの感性には大きな差があります。したがって、目的に応じて客観的安全と主観的安心とを区別して、しっかり議論するべきです。

これまで、ほとんどの科学者が主張してこなかったことですが、第四の視点として、私たちが生きるために、日常的かつ生理的に自身の体内で産生している危険要因、すなわち「フリー・ラジカルの存在」にも眼を向けることです。その際、自身の生理的修復能力がいかに大きなものであり、同時に個人差もあることは次章で述べます。そして、その量の大きさを念頭に入れる必要があります。外界から受けるいのちへの危険因子の最終的な影響量は、7章や10章で示すように、外側（環境）の作用と内側（体内）の防御力との相互作用のバランスで決まるわけで、両者を冷静に評価した上で、最終的リスクの比較をすることが大切です。

(1) 発生率によるリスクの比較

表6-1は、E. ポーチン博士が、一〇〇万人に一人が死ぬ確率でもって、さまざまなリスク因子の程度を比較したものです。何と紙巻たばこ五分の三本分の喫煙が、一〇〇km の自動車旅行や六五〇km の飛行機旅行の危険に相当するリスクだという結果です。一行一行見つめてみると恐ろしい数字です。

合衆国保健局が一九八九年に「たばこの死亡リスクと他の死亡リスクの比較」のために表6-

般空機で移動中	650km	
自動車で移動中	100km	
喫　煙	3/5本	
登　山	1.5分	
60歳で残存寿命	20分	
ピル服用	2½週間	
ワイン	½瓶	
放射線の被曝	10ミリレム	最大許容量で½日間被曝（放射性関連作業）か、原子力発電所敷地境界に3年間住居の場合がこれに相当

表6-1　100万分の1の危険度で発生するリスクの比較

米国における種々の活動による推定リスク：1985年

活動または原因	100万人当たりの年間死亡数(人)
能動喫煙	7,000
アルコール	541
事故	275
疾患	266
交通事故	187
アルコール関連	95
アルコール非関連	92
仕事	113
水泳	22
受動喫煙	19
その他の大気汚染	6
サッカー	6
感電死	2
落雷	0.5
蜂刺され	0.2
バスケットボール	0.02
全死因	8,748
全てのがん	1,917

表6-2　タバコの死亡リスクと他の死亡リスクとの比較

2を示しました。

ドルおよびピート博士らは、さまざまな因子が、がん発生におよぼす寄与度を、4章で示した表4-1のように示しました。喫煙は発がんに三〇%もかかわっているのです。そして、大多数

死因	個人年間死亡率 (1/年)（1991年）	個人年間死亡率 (1/年)（2001年）	地域格差（注） (2001年)
全死因	6.7×10^{-3}	7.7×10^{-3}	6.0×10^{-3}～1.0×10^{-2}
疾病合計	6.3×10^{-3}	7.1×10^{-3}	5.5×10^{-3}～9.4×10^{-3}
悪性新生物（がん）	1.8×10^{-3}	2.4×10^{-3}	1.7×10^{-3}～3.1×10^{-3}
心疾病	1.4×10^{-3}	1.2×10^{-3}	8.4×10^{-4}～1.6×10^{-3}
脳血管疾患	9.6×10^{-4}	1.0×10^{-3}	6.0×10^{-4}～1.6×10^{-3}
不慮の事故合計	2.7×10^{-4}	3.1×10^{-4}	2.1×10^{-4}～5.4×10^{-4}
交通事故	1.3×10^{-4}	9.8×10^{-5}	5.0×10^{-5}～1.9×10^{-4}
転倒・転落	3.7×10^{-5}	5.1×10^{-5}	3.5×10^{-5}～1.0×10^{-4}
溺死・溺水	2.0×10^{-5}	4.6×10^{-5}	1.7×10^{-5}～1.0×10^{-4}
窒息	3.2×10^{-5}	6.5×10^{-5}	3.9×10^{-5}～1.5×10^{-4}
自殺	1.6×10^{-4}	2.3×10^{-4}	1.6×10^{-4}～3.7×10^{-4}
他殺	6.0×10^{-6}	6.0×10^{-6}	1.0×10^{-6}～1.1×10^{-5}

表6－3　我が国における主な死因別個人死亡率の状況

のがんが食習慣を改善し、喫煙をやめることで防げることを公衆の前に明らかにしたのです。こうしたことから欧米では、発がんに対する喫煙の害が強調されているのです。私たち日本では同時に、過度に塩辛いものや大食いを避けるなど、発がんリスクに絡む食生活に注意するべきです。

4章で、平成二六（二〇一四）年の日本人の主な死因はがん（悪性新生物）と循環器疾患であることを述べました（図4－1参照）。今や三人に一人ががんで死亡する時代です。毎年日本人約五〇〇人に一人ががんで死亡する現状です。また現在は、さらなる人口の高齢化とともに、肺炎などの呼吸器疾患死亡が増加しています。

表6－3は日本の統計データに基づいて、個人死亡リスクの現実を比較したものです。各要因別死亡率の桁の差異を注意してご覧ください。

結局、いのちの主要な危険は、昔は伝染病、半世紀前までは公害病でしたが、現在はがんや心臓病などの成人病による死亡が主となっています。現代の日本の社会は比較的安全になりましたが、一方で、三大成人病や人為災害や事故などの危険が増しています。これらのリスクを防ぐために、個人の努力や教育の重要性が一層不可欠であることを示しています。

要因	短縮日数	要因	短縮日数
独身（男性）	3,500	平均的な仕事（事故）	74
喫煙（男性）	2,250	溺死	41
心臓病	2,100	放射線被爆の仕事	40
独身（女性）	1,600	転落死	39
30%の体重増加	1,300	歩行者の事故	37
石炭の採鉱	1,100	安全な仕事（事故）	30
がん	980	火災（焼死）	27
20%の体重増加	900	エネルギー発生の仕事	24
喫煙（女性）	800	不法薬による死	18
卒中	520	消防士の事故	11
危険な仕事（事故）	300	自然の放射線	8
パイプ喫煙	220	医療X線	6
1日100Kcalの過食	210	コーヒー	6
自動車事故	207	経口避妊薬	5
アルコール	130	すべての災害	3.5
（米国平均）		ダイエット飲料	2
家での事故	95	原子炉事故（USC）	2
自殺	95	原子炉事故	0.02
殺人にあう	90	（WASH 1,400）	
薬の誤使用	90	原子力産業での放射線	0.02

表6－4　いろいろな要因による寿命短縮の試算例

(2)　寿命損失の比較

人のいのちを奪う病気や事故は、人の寿命の短縮ないし損失につながります。バーナード・コーエン博士は、米国の一九七〇年頃より米国の厚生統計データを用いて、さまざまな病気や事故などによる人の寿命損失日数を計算しました。寿命損失日数（または年数）とは、ある生命にとって不利益なある一つの因子を受けて生活した人々の平均寿命と、その要因はなく他の因子はまったく同じで生活した人々の平均寿命とを比較して、両者の差を寿命損失（または短縮）期間としたのです。

疾病などの種類	寿命損失日数（LLE）
結核	4.7
ウイルス性肝炎	3.3
全がん	1,247（3.4年）
口腔	22
消化器	269
呼吸器	343
乳房	109
生殖器	113
泌尿器	114
白血病	46
糖尿病	82（2.7月）
栄養失調	3.50
循環器病	2,043（5.6年）
心臓	1,607（4.4年）
脳血管	250（8月）
動脈硬化	24
肺炎	103（3.3月）
インフルエンザ	2.3
呼吸器病	164（5.4月）
気管支炎	7.3
肺気腫	32
喘息	11.3
胃・十二指腸潰瘍	11.8
虫垂炎	1.2
肝臓病	81（2.7月）
胆嚢疾患	4.7
腎臓病	41（1.3月）
事故	365（1.0年）
自動車	205（6.8月）
その他	158（5.2月）
自殺	115（3.8月）
他殺	93（3.1月）

表6－5　アメリカ合衆国のデータに基づく
疾病別等の寿命損失日数

表6－4は、いろいろなリスク要因による寿命損失を示した例です。まず最初に独身というのがありますが、これが一番公衆の眼を引きます。私も伴侶を失ってはじめて、独り身だと毎日の食生活や自身の健康管理が疎かになることを実感しました。

表6－5は、米国においてさまざまな疾患がどのくらい大きな寿命損失をもたらしているかをコーエン博士が近年に試算したものです。これで、病気（＝疾病）別のリスクを比較しますと、米国では、がんよりも心臓病など循環器病によるリスクが非常に高いことがわかります。心臓病の発症は若い人にも多いので損失分も大きいのです。

7章　いのちの防御 ―有害物とたたかう身体の仕組み―

(1)　生体防御にかかわる臓器

　私たちの身体は、三五億年にもわたる地球上の生物の進化の歴史のなかで、電離放射線や紫外線や微生物など、外界のさまざまな有害物質とたたかう仕組みを発達させてきました。図7－1はヒトが外界のさまざまな物質や環境要因に囲まれている様子を示します。

　外界の化学物質による刺激は、総じて生き物の身体の中に酸性の物質を増やすように働くので、酸化的ストレスといいます。また、生体は体内でエネルギーを産生するために大量の物質を酸化したり、白血球内で微生物を殺菌するために活性酸素を産生しますので、生体は同時に余分な活性酸素を取り除く仕組み（これを抗酸化システムという）を作り出してきました。一方、ヒトは細菌などさまざまな生物に接しながら生活してきており、体内に微生物や異物から身を守る免疫機構を進化させてきました。前者を化学的防御機構といい、後者を生物学的防御機構といいます。

　個体の生体防御の場は図7－2に示すように、身体のなかのいくつもの臓器が関与しています。それらは化学物質の解毒を担う肝臓や、外界に接する皮膚、免疫反応を担う造血細胞やリンパ液

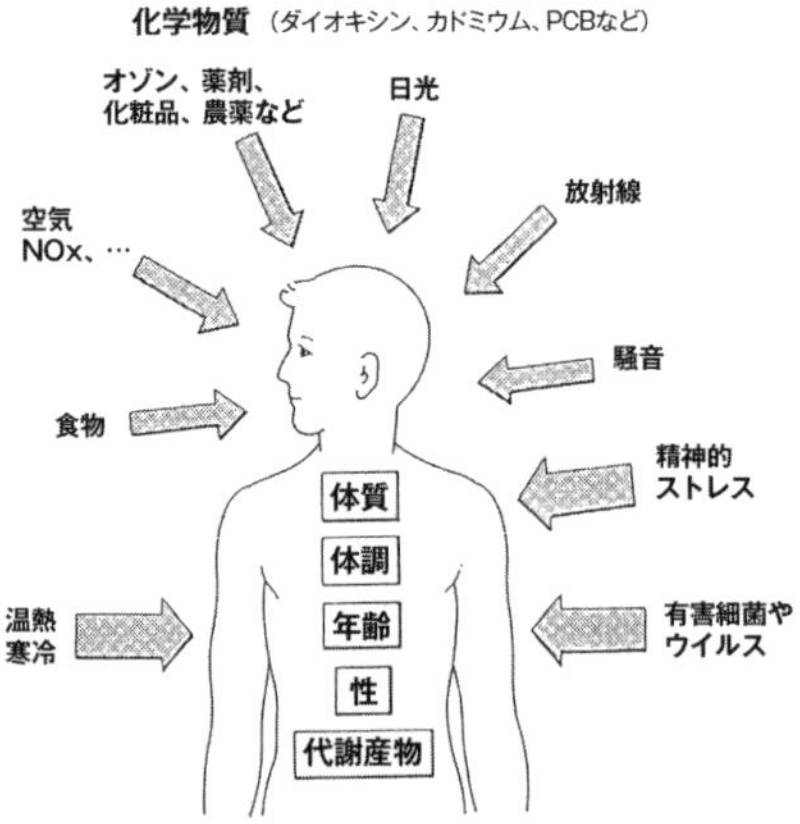

図７-１　人体と複合環境ストレスとのかかわり

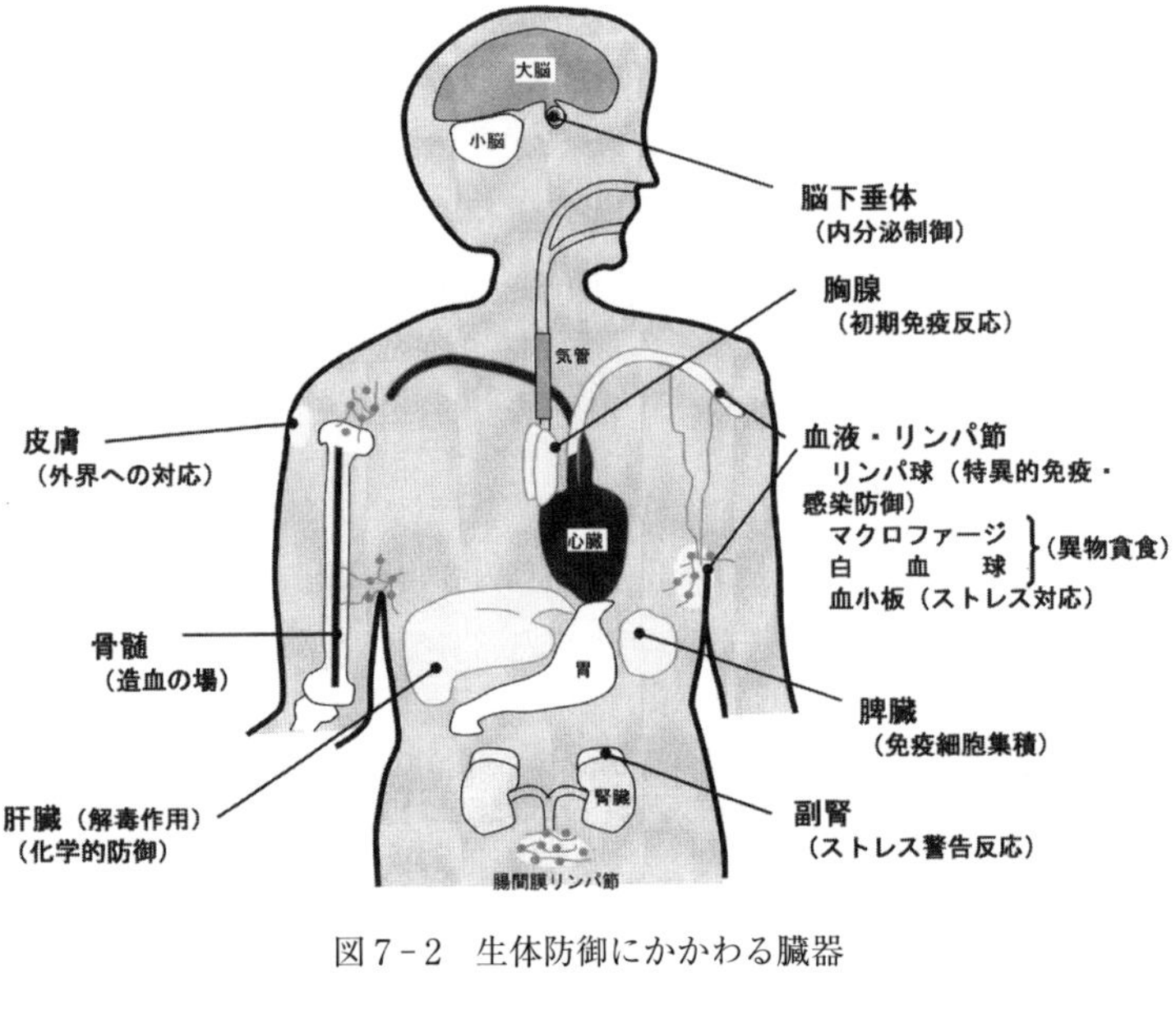

図７-２　生体防御にかかわる臓器

などが、情報をやりとりする複雑なネットワークを構成し、それぞれの役割を果たし、身体を防御してくれます。

私は生体防御機構の活性化の現象を、忍耐強く数年をかけて観測して、個体の生体防御のメカニズムを研究し、一つ一つ実証することができました。例えば、金属など環境からの刺激物質を与えたマウスを使って、①肝臓のなかに非常時蛋白ともいわれる抗酸化物質であるメタロチオネイン（ＭＴ）を合成すること、その時②感染や異物に対抗して末梢血の白血球のＳＯＡが増多すること、同時に③胸腺という臓器中で、未熟な免疫細胞のアポトシスが増加し、さらに④脾細胞の特異的な抗体産生能（羊赤血球抗原に対するＰＦＣ）が増加することなどの現象を実験で示しました。

(2) フリー・ラジカルの産生と抗酸化（化学的防御）

私たちの身体は、実は病原菌だけでなく環境からのさまざまな衝撃のなかに曝されています。絶え間なく降りかかる宇宙線、岩石や建物からの放射線、日光中の紫外線や気温の変化などの物理的刺激はいうにおよばず、空気中の微量の汚染物質や食品中の有害物の吸収による化学的刺激、目に見えないウイルスやバクテリア、かびなどの微生物の侵入などです。たとえ瞬間的には微量であっても、絶え間なく空気を吸入する肺を例にとってみると、成人は一年間におよそ三〇〇〇kg、つまり三トンの空気を吸い込み、たとえば、吸入する空気中の有毒物質の濃度がわずか一ppmであったとしても、その肺は一年間に三gもの有毒物質に曝露されることになります。

放射線は空間を飛ぶエネルギーを持った粒子で、細胞のDNAを傷つけたり、細胞中にフリー・ラジカルを発生させます。フリー・ラジカルとは、不対電子を持った反応性の強い原子または分子種のことです。私たちの周囲には日常的に、上に述べた刺激因子、すなわち放射線、酸素、オゾン、二酸化窒素などのオキシダント、異物やある種の発がん物質などが存在します。これらは、総称して酸化的ストレス因子（oxidative stress factor）といわれ、どれも生体細胞のなかにフリー・ラジカルを産み出します。私たちの身体は、こうした酸化的ストレスに抵抗する巧妙な防御の仕組みを進化させてきました。

これらの因子の生体に対する傷害やそれに対する防御のメカニズムは、基本的には動物全体に共通の部分が大きく、放射線障害、炎症、免疫、老化、発がん、制がんなど、一見異なったさまざまな医学的現象の根底に、フリー・ラジカルや活性酸素の生成がからんでいます。

それに打ち勝って生物が生存しているのは、生体が非常に巧妙な防御機構を備えているからです。フリー・ラジカルは私たちの体内で、毎日食物を食べ、消化し、変化させる物質代謝の過程でも生理的・日常的に産生されます。しかし、ありがたいことにフリー・ラジカルを一定のレベル以上に増やさないために、これを消去する作用のある還元性の防御物質、例えばグルタチオン

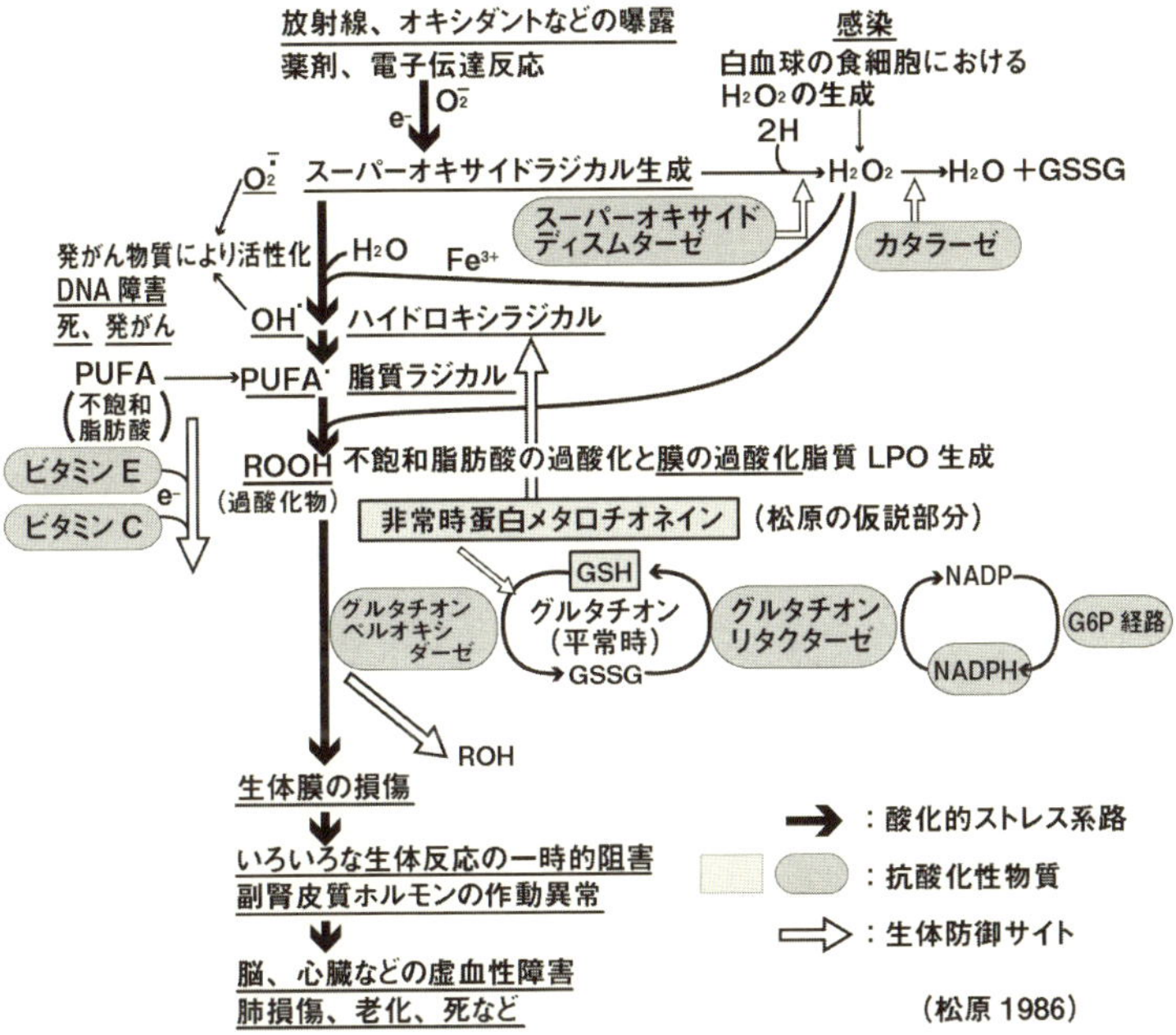

図7-3　生体におけるフリー・ラジカルの産生と化学的生体防御機構

やビタミンC、ビタミンEなどが体内にあり、これらを抗酸化物質（antioxidative substance）と総称しています。

　フリー・ラジカルの生成とそれに対する化学的防御は、だいたい図7-3のような過程を経て進行します。以下に①—⑩の過程として解読します。

　生体が放射線やオキシダントに曝露すると、

①　これらは直接にDNAなど生物学的に重要な物質を障害するほかに、

②　空気中のO_2と反応してO_2^-（スーパーオキシドラジカル）を産生したり、

③ 組織中にあるＳＯＤ（スーパーオキシドディスムターゼ）により、H_2O_2にされ、消去される部分もあります。

④ H_2O_2はカタラーゼにより、水と酸素に変換されますが、

⑤ O_2^-とさらに反応して非常に反応性の強い $OH^\bullet$（ハイドロキシラジカル）を生成し、いろいろな生体物質を攻撃します。

⑥ とくにこれらはＰＵＦＡ・やＬＯＯ・（脂質ラジカル）の生成を介して、

⑦ 生体膜の成分であるリン脂質の不飽和脂肪酸の過酸化へと発展させます。

こうした膜の脂質に発生するフリー・ラジカルの連鎖反応を断ち切る役目をするのが、ビタミンＥです。脂質が過酸化されると細胞の重要な構造物である生体膜の機能障害を来し、

⑧ いろいろな生化学的反応の一時的阻害や、

⑨ 副腎皮質系ホルモン作用の異常をもたらします。

⑩ こうして、これらの長期的影響が続くと、脳や心臓の虚血性障害、肺の損傷や細胞の老化という一般的現象を結果することになります。

図７－３の中でＯＨやＰＵＦＡなどのフリー・ラジカルによって、太い矢印で進行する傷害に対して、網掛けで示した防御物質が白ヌキ矢印で示した箇所で働き、ラジカルや過酸化物の消去や、生体膜の安定化作用をしています。

酸化的ストレスに伴って細胞内ではさまざまな細胞因子が動き出します。放射線やフリー・ラジカルによって誘起される細胞因子やサイトカイン類はその情報を他の細胞に伝えたり、核内に入り遺伝子を活性化したりする役目があります。これらの因子が同時に放射線防護性を示す事実は興味深いことです。

私たちの身体の細胞は、食物として取り込んだ物質を分解して酸化反応を起こさせ、エネルギー（熱や力）を産生したり、からだに浸入した細菌などを殺したりするために、日常的にフリー・ラジカルや活性酸素を作り出す仕組み（酸化的代謝システム）を備えています。同時に生体は余分な活性酸素やフリー・ラジカルを取り除く仕組み（これを抗酸化システムという）も作り出していたのです。

では抗酸化の仕組みの働きはどの程度強力でしょうか。ヒトの身体は約数十兆個の細胞でできていますが、それら各細胞の中では、放射線に当たらなくても、自分自身の毎日のエネルギー代謝により約一億（10^8）個／日／細胞の活性酸素やフリー・ラジカルを生じます。しかしありがたいことに、体内では抗酸化物質によって、フリー・ラジカルによるＤＮＡの傷つきは百万（10^6）個／日／細胞に減らされ、さらにＤＮＡ修復酵素によって、傷ついたＤＮＡは修復され、修復に失敗したＤＮＡの傷は百（10^2）個／日／細胞になります。

そしてさらに、後で述するアポトシスや免疫機能によって除去されて、最終的に残る変異事象は一日一細胞あたり一ないし二件になるとL．ファイネンデーゲン博士らは計算しました。しかも、細胞自体が日夜少しずつ新しいものに生まれ変わり、更新されていくのが、いのちそのものです。

私は放射線を含む複数のリスク要因に曝露した生体（マウス）の反応性を調べる共同研究を行い、その途上で「複数のリスク要因は必ずしも生体に相加的あるいは相乗的に傷害せず、むしろ複数のリスク要因の曝露が単独要因の曝露よりも生存にとって有利に作用することがある」という事実を偶然見出しました（図7－4朝日新聞記事参照）。具体的にはマウスへのカドミウムなどの金属の投与や皮膚剥離などのストレスの負荷が、6－9グレイという致死量のガンマ放射線に対する抵抗性を高め、マウスの死亡を著しく減少させる結果が得られたのです。

なぜこれら複数のストレスやリスク要因への曝露が、マウスの生存力を高めたのだろうか。おそらくメタロチオネイン（MT）が関係しているだろうと直感しました。MTは金属とシステインというアミノ酸を多量に含む蛋白質です。生体がストレスに曝された時に、肝臓中に多量に生産されるMTの役割を知りたいと私は思いました。

学会では、放射線障害に最も敏感な血液臓器中にMTが多くないという理由で、私の研究はほとんど評価されませんでした。しかし、私は、このメカニズムの追究こそ有害要因に対処するための総合的生体防御機構の解明につながると考えて、その後、約一五年にわたってさまざまな人々の協力を得ながら、有害要因に対する生体の化学的防御機構と生物学的（免疫学的）防御機構の活性化に関する独自の環境医学的研究を続けました。その結果、環境有害要因（例えば一定量の放射線）への曝露に対して、生体（マウス）はMTの産生とともに化学的防御機構の活性化のみならず、次節で述べる生物学的（免疫学的）防御機構の活性化（脾

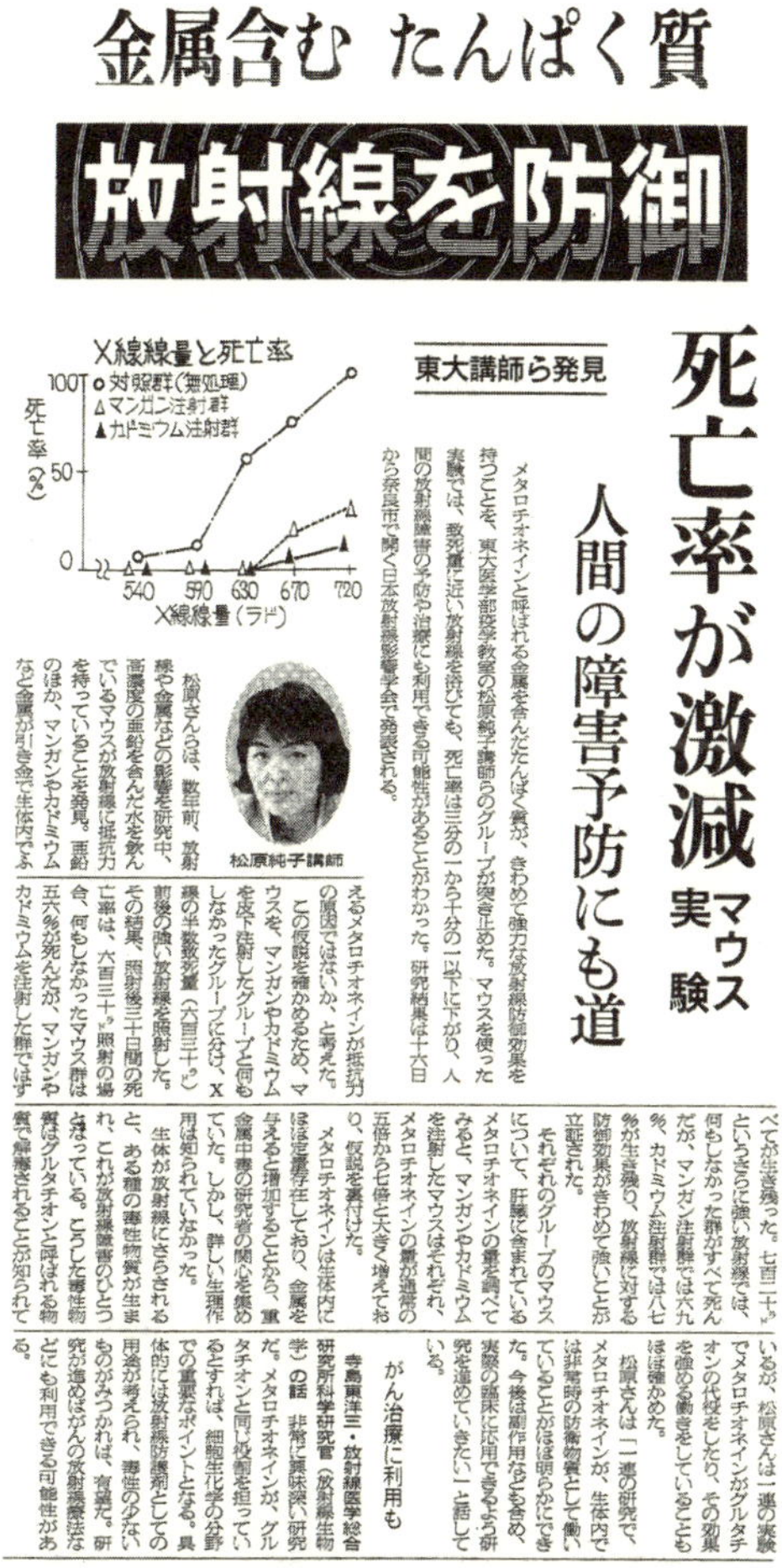

金属含む たんぱく質

放射線を防御

死亡率が激減

人間の障害予防にも道

マウス実験

東大講師ら発見

メタロチオネインと呼ばれる金属を含んだたんぱく質が、きわめて強力な放射線防御効果を持つことを、東大医学部[illegible]学教室の松原純子講師らのグループが突き止めた。マウスを使った実験では、致死量に近い放射線を浴びても、死亡率は三分の一から十分の一以下に下がり、人間の放射線障害の予防や治療にも利用できる可能性があることがわかった。研究結果は十六日から奈良市で開く日本放射線影響学会で発表される。

松原さんらは、数年前、放射線や金属などの影響を研究中、高濃度の亜鉛を含んだ水を飲んでいるマウスが放射線に抵抗力を持っていることを発見。亜鉛のほか、マンガンやカドミウムなど金属が引き金で生体内でふえるメタロチオネインが抵抗力の原因ではないか、と考えた。

この仮説を確かめるため、マウスを、マンガンやカドミウムを皮下注射したグループと何もしなかったグループに分け、X線の半数致死量（六百三十ラド）前後の強い放射線を照射した。その結果、照射後三十日間の死亡率は、六百三十ラド照射の場合、何もしなかったマウス群は五六%が死んだが、マンガンやカドミウムを注射した群ではすべてが生き残った。七百二十ラドという更に強い放射線では、何もしなかった群がすべて死んだが、マンガン注射群では六九%、カドミウム注射群では八七%が生き残り、放射線に対する防御効果がきわめて強いことが立証された。

それぞれのグループのマウスについて、肝臓に含まれているメタロチオネインの量を調べてみると、マンガンやカドミウムを注射したマウスはそれぞれ、メタロチオネインの量が通常の五倍から七倍と大きく増えており、仮説を裏付けた。

メタロチオネインは生体内にほぼ定量存在しており、金属を与えると増加することから、重金属中毒の研究者の関心を集めていた。しかし、詳しい生理作用は知られていなかった。

生体が放射線にさらされると、ある種の毒性物質が生まれ、これが放射線障害のひとつとなっている。こうした毒性物質はグルタチオンと呼ばれる物質で解毒されることが知られているが、松原さんは一連の実験でメタロチオネインがグルタチオンの代役をしたり、その効果を強める働きをしていることもほぼ確かめた。

松原さんは「一連の研究で、メタロチオネインが、生体内では非常時の防御物質として働いていることがほぼ明らかにできた。今後は副作用なども含め、実際の臨床に応用できるよう研究を進めていきたい」と話している。

がん治療に利用も

寺島東洋三・放射線医学総合研究所科学研究官（放射線生物学）の話　非常に興味深い研究だ。メタロチオネインが、グルタチオンと同じ役割を担っているとすれば、細胞生化学の分野での重要なポイントとなる。具体的には放射線防護剤としての用途が考えられ、毒性の少ないものがみつかれば、有望だ。研究が進めばがんの放射線療法などにも利用できる可能性がある。

図7-4　実験結果を報じる朝日新聞（1985.10.16）

コロニーPFCの増加など）も連動させて対応していることを明らかにしました。

亜鉛チオネイン（ZnMT）が銅イオンと共役してグルタチオンペルオキシダーゼ系に働き、NADPや過酸化ブチルを還元する事実を見い出したのは八〇年代のことでした。しかし、亜鉛チオネインは生体内で他にどんな役割をしているのだろうか？と思い続けて約一〇年後の一九九四年に、私は、肝臓中にメタロチオネイン（MT）を多量に含むマウスの肝臓をアイスボックスに蓄えて新幹線に乗りました。名古屋大学宮崎哲郎博士にマウスの肝臓中の有機ラジカルの動静を測定していただくためです。マウスの肝臓試料を77°KでESRによって有機ラジカルを測定し、その試料を275°Kに放置してラジカルの減衰を調べたところ、マウスの肝臓中には、より寿命の長い有機ラジカルが存在することがわかりました。この共同実験で、有機ラジカルの減衰速度はMT量が多いほど速く、MTが有機ラジカル消去反応に関与していることが明らかとなりました。有機ラジカルは無機ラジカルよりはるかに寿命が長いわけで、亜鉛投与によって体内にメタロチオネインを産生させて、人体の放射線傷害を軽減させる「新しい放射線防護法を発見した」と、私は一人で感動しました。市販されている亜鉛製剤を用いれば、私たちは安全に体内にMTを誘導合成させ、放射線障害予防に利用できるはずです。私は日本と米国の特許を取得しましたが、製薬会社に相談したところ、亜鉛製剤は安いので商品にしたくないとのことでした。資本主義社会の残念な慣習です。

(3) 微生物や異物とのたたかい(生物学的防御)

地球上に三五億年前に奇跡のように誕生した生命体は、たくさんの試練の長い歴史をくぐりぬけてさまざまな生物に進化し、現在は人類が最終的勝者として地球上に君臨しています。生物は過酷な環境の中で、有害な化学物質を消去し、無毒化する化学的防御機構を持っていることは、前節で解説しました。

エドワード・ジェンナーが種痘法を発見してから約二世紀が経ちました。病原微生物の同定が進み、抗生物質の発見、予防接種の普及とともに、先進国では細菌感染症が大幅に減りました。現在エイズや鳥インフルエンザのなど新手のウイルスの脅威はありますが、恐ろしい天然痘は根絶されました。

しかし、いまだ人間はさまざまな病原性の微生物に囲まれて生活しています。抗生物質など細菌の力を弱める薬剤が開発されたとはいえ、ウイルスやある種の寄生虫やかびなど、治療しにくい有害な生物がいまだに多く存在します。

人間や動物などの高等生物は、無機化学物質より大きなたんぱく質である毒素やウイルスや細菌など、体外の異物や微生物の攻撃から自身を護るために、この節で述べるような、精巧な生物

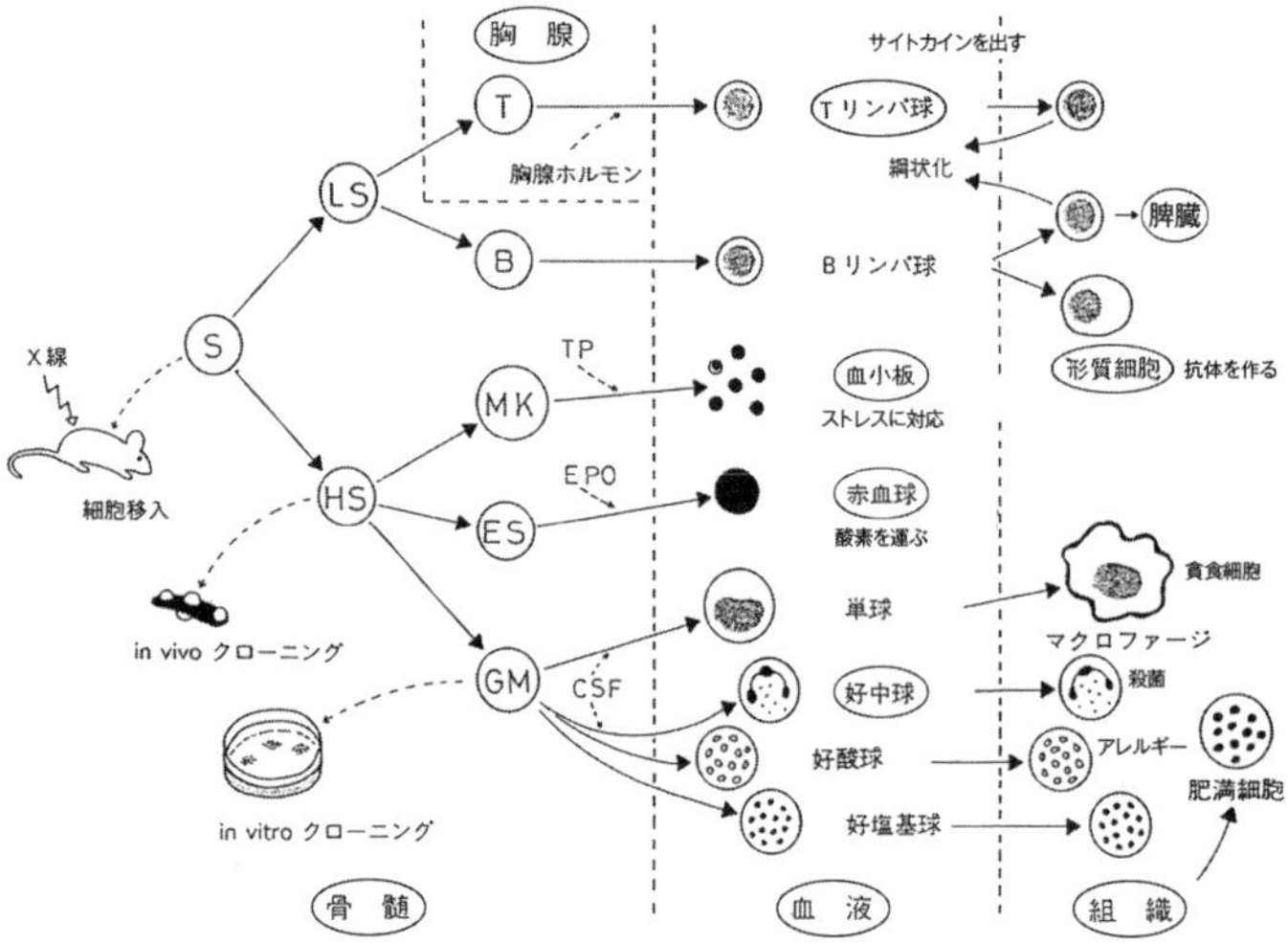

図7－5　免疫にかかわる細胞：造血系

学的防御機構も進化させました。

　人体にはからだの表面の皮膚と、食物の通り道である口から肛門までの消化器の表面には、細菌の侵入を防ぐさまざまな仕組みがあり、さらにからだの内部には、そこに侵入した細菌とたたかうリンパ球や白血球が骨の中の骨髄で作られます。図7－5は免疫にかかわる各種の造血細胞を示します。人は外界からのさまざまな刺激や異物に対して反応し、それを除去して自分の身体と守るために、からだの細胞やいくつかの臓器が連携して、ネットワークを組んで働く一連の免疫反応を起こします。それには図7－2に示した複数の臓器が関連しています。免疫系（immune system）とは、生体が病原体など自分とは異なった生物や異物を見分けて、取り除くための総合的反応システムです。免疫反応を起こす原因となる異物や微生物を抗原といい、抗原に反応して血液中にできる物質を抗体といいます。

人間の生物的防御には、外界の微生物に対して即座に反応を起こして防御する細胞性の防御、すなわちからだの表面での侵入を阻止したり、数十時間後に起こる異物の貪食（細胞内に取り込む）、その後、身体のなか、とくに血液中で時間をかけて微生物に対して抗体を作り、それら異物と抗体が結びつく抗原抗体反応があります。免疫はまた別の観点から表7－1のように、自然免疫と獲得免疫に分けることができます。

体内に入り込んだ自分とは異なる物質を非自己といいます。生物が他の生物から自身を護るために、自身（自己）が異物（非自己）を区別し、異物を排除する仕組みが感染防御または狭義の生体防御機構です。とくに、病原微生物の感染を防ぐための感染防御機構がこれに含まれ、これを免疫ということもあります。

この分野で日本人で初めてノーベル生理学・医学賞を受賞した利根川進博士の功績は著しく、免疫システムこそは自己と非自己を区別しつつ、いくつかの遺伝子の断片が寄木細工のように集まって、新しい受容体遺伝子を作り出して、一兆種類もの異なった異物（抗原）を識別し、反応できる、精緻かつ冗長性を持った生体システムであることが解明されつつあります。

多くの人が、伝染病に罹っても、それから治癒すれば二度と同じ伝染病に罹りにくくなるのは、身体が抗体を作る方法を覚えるからです。免疫反応は時に自身に不利に働くこともあり、抗原に

	名　称	役　割
獲得免疫系	T 細 胞	B細胞に抗体を生産させるための指令を与えるヘルパーT細胞、またウイルス侵入時には、キラーT細胞として、感染細胞にとりついてその細胞を殺す働きをする。
獲得免疫系	B 細 胞	主にバクテリア（病原菌）が体内に侵入したときに、T細胞の指令を受けて、抗体を作り出し、病原菌に対応する。
	N K T 細 胞	近年、発見された第４のリンパ球。自然免疫系か獲得免疫系かいまだ分類できていない中間の存在。T細胞受容体とNK細胞受容体の両方を持つ。がん細胞の抑制や殺傷、自己免疫発症制御、流産、アレルギー抑制などに深く関与していると考えられている。
自然免疫系	マクロファージ（樹状細胞など）	細菌などの異物が体内に侵入した際、その異物を細胞内にとり込み、異物の情報を収集する。このため、この細胞は抗原提示細胞とも呼ばれる。また、マクロファージは存在する組織によって名前が異なり、樹状細胞（脾臓）、クッパー細胞（肝臓）などとも呼ばれる。
自然免疫系	N K 細 胞（ナチュラル・キラー細胞）	1970年代に発見されたリンパ系の白血球で、T細胞ともB細胞とも異なる受容体を持つ。がん細胞の監視や殺傷を行う細胞として知られる。

獲得免疫系
……細菌などが体内に侵入した際など、緊急時に対応する体内の防衛部隊。感染を繰り返すと抵抗性が高まるのが特徴。

自然免疫系
……生体における常設の防衛を担当。感染を繰り返しても抵抗性は高まらない。

（谷口克『免疫、その驚異のメカニズム』より）

表７-１　免疫細胞の種類と役割

敏感に反応し、抗体を過度に産生する人はアレルギー反応を起こしやすいのです。免疫系は睡眠や休息によって増強され、繰り返すストレスによって損なわれます。

炎症は病原体の感染や刺激に対して身体が起こす反応で、皮膚の発赤、痛み、発熱、腫脹（はれ）などの四つの徴候が現れます。こうした反応は、全身の血流の増加で引き起こされる正常な身体の反応現象です。

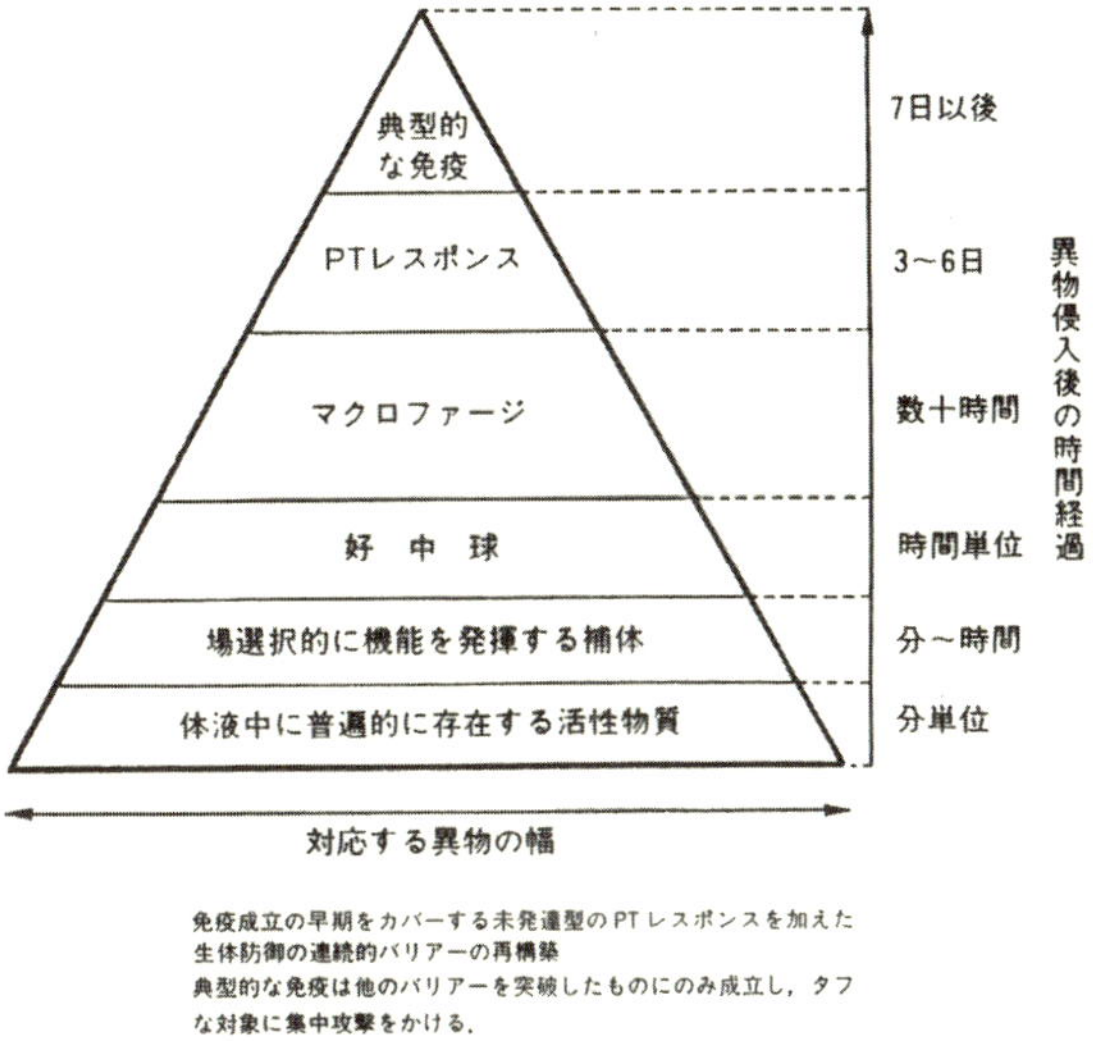

図7－6　免疫反応にかかわる細胞と曝露後の経過時間の差

人が外界の異物と闘う主役は図7－5や表7－1に示すさまざまな免疫細胞です。免疫にかかわる細胞は、大きく分けて二つの群に分けられることがわかります。

①　細胞性初期防御反応：自然免疫の主な役者

白血球には、肥満細胞、好酸球、好塩基球、ナチュラルキラー細胞、食細胞（好中球、マクロファージ、好中球、樹状細胞）、Tリンパ球などがあります。

②　体液性防御反応（免疫）：特異的・獲得免疫のおもな役者

骨髄の中で造血されるBリンパ球は抗原微生物の刺激に対する受容体を持ち、抗体を産生します。ヘルパーT細胞はB細胞の活性化やサイトカイン放出を援けます。

免疫反応の大きな特徴は、図7－6に示すように、異物に曝露してから体内の細胞が反応を起こすまでに要する時間が、分単位から週位まで、観察する反応毎に大きく差があることです。個体を使って実験する場合、反応を観察する時間を綿密に設定しないと、反応を見逃すことになります。

(4) 特定の刺激による免疫系の活性化

一九九〇年代より、細胞の生化学的反応の制御機構としてのシグナル・トランスダクションの解明とともに、DNA傷害のメッセージがNfKBを介してP53やその他の因子を活性化させ、アポトシスを結果することがわかってきました。アポトシスとは、多細胞生物の個体が自己をまもるために、壊死のように他の細胞を傷つけることなく、自身の一部の細胞を生理的に自滅させる現象で、落ち葉の現象などがこれです。アポトシスの生体防御上の役割は、前述の免疫現象との関係も大きいと思われますが、詳細は他書にゆずります（山田、近藤など）。

前述の各種の酸化的ストレスも、P53などを介してアポトシスを誘導することが明らかとなり、私はマウスを用いて、マウスへのマンガン投与や皮膚剥離処置も、米沢司郎博士らが放射線抵抗性を誘導した75mGy、または500mGyのX線照射も、それぞれ胸腺のアポトシスを誘導することを確認しました。このことは、75mGyや500mGyの放射線照射や重金属投与やマウスの皮膚剥離などのストレス処置が、胸腺における未熟なTリンパ球を刺激し、免疫系が情報をキャッチし、アポトシスとして反応していることを示すものです。同時に私は500mGyのガンマ線照射後のマウスで、羊赤血球抗原に対する特異的免疫反応（脾臓のＰＦＣ）が増加することを観察し、その増加は、照射が二週間前に行われた時に限って発生することを見出しました。つまり、マウスの生存率（放射線抵抗性）の増加が起こる時点に一致して遅発性に免疫系の活性化が起こる事実を確認しました。このことは低線量放射線照射を含む各種のストレス刺激は、まず早期（六時間後）に胸腺において未熟なTリンパ球のアポトシスを誘起しますが、そこで感受性の高い細胞が淘汰され、残存細胞が適当な時系列経過を経て、脾臓において成熟免疫細胞として抗体産生能を増加させるという事実を示しているのではないかと考えました。

上述した有害要因に対する化学的防御の側面と、免疫学的反応とを総合して、私は人体の総合的生体防御系を図７－７のようにイメージします。

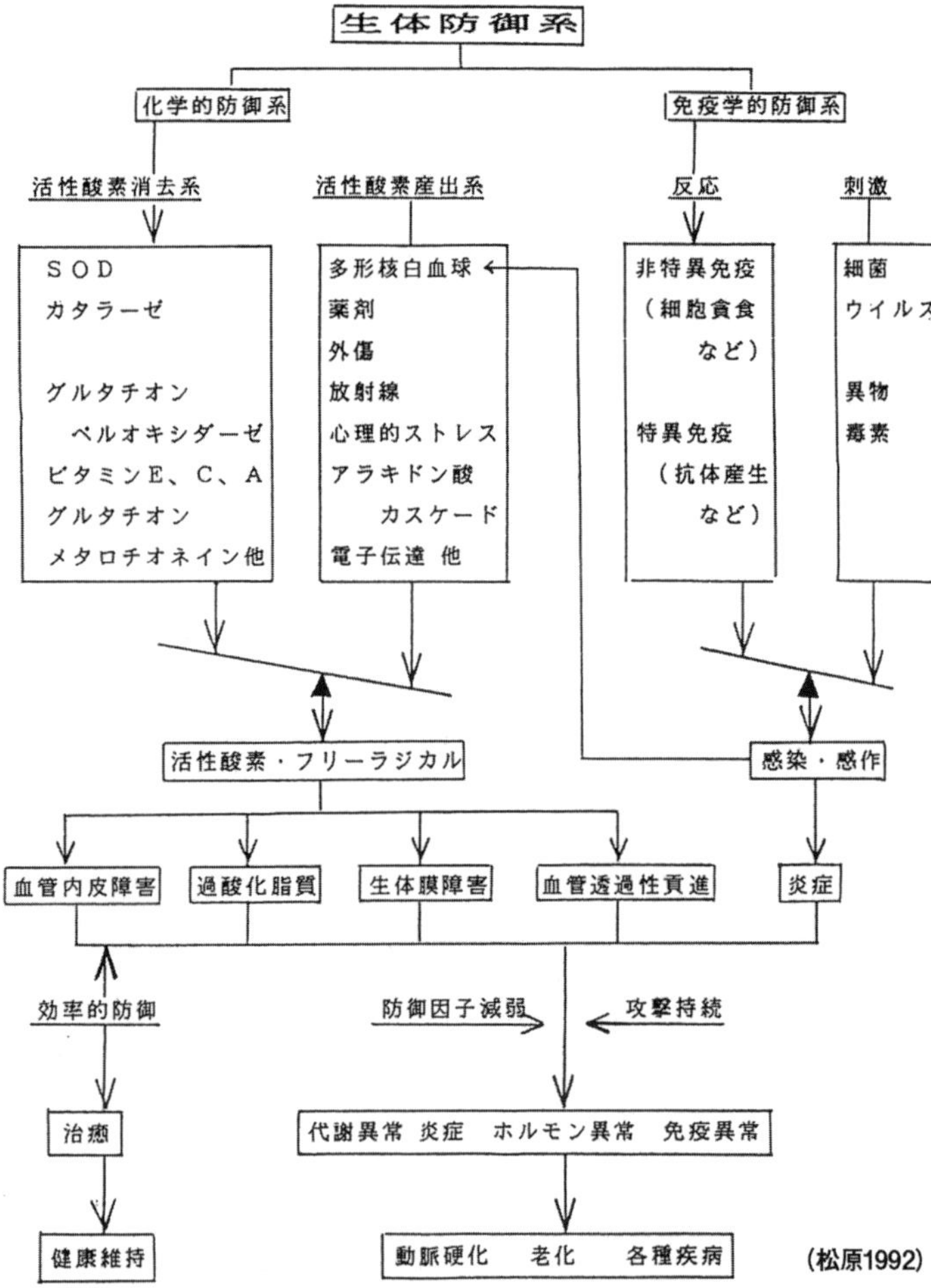

図7－7　人体の総合的生体防御系

(5) 放射線など有害物質の悪影響を減らす身体の仕組み

生体の指令部である遺伝子を破壊する高線量の放射線の影響は、一九九九年の臨界事故の犠牲になられた方が身をもって示されたように極めて厳しいものです。しかし、放射線の影響は線量や線質の差で著しく異なります。

低線量の放射線と生体との相互作用について考察する際、今後に残された課題として、放射線特有といわれるDSB（染色体の二重損傷）とその修復の条件は何か。遺伝的不安定性は低線量ではどのような現れ方をするか。フリー・ラジカル産生と抗酸化機構の作動は線量依存性があるか。個体の免疫機構の作動は特定の線量域や特定の条件下でのみしか可能でないのか。これらのメカニズムにかかわるさまざまな因子の解明が必要です。「放射線の影響はわからない」のではなく、放射線と生き物の間の相互作用や、さまざまな時間間隔で生起する複雑な生体防御反応について研究途上だということです。

放射線は微量でも簡易に測れるし、今後とも、さらに本質的な放射線防御手段を発見できるのではないかと私は考えます。

今までは、放射線が身体に当たると、細胞のなかで遺伝的に大切な役割をするＤＮＡ分子を傷つけ、その傷が元でごく少ない線量の放射線でも発がんの原因となるというような単純な考え方が支配的でした。

放射線の生き物に対する影響は、受けた線量によって異なり、さまざまな防御反応によって生体自身の身体を守っている様子が明らかになっています。

低い線量の放射線影響の大部分は、前述したような生体防御のシステムによって身体への影響が少なくなるように抑えられています。

四六億年の歴史を持つ地球上で、環境との相互作用のなかで育まれてきた私たち生命体は非常に精巧な防御メカニズムを持ち、生体は物理的なランダムな現象とは根本的に異なる反応をします。保健物理や放射線防護の分野では、ＬＮＴは是か非か、しきい値はあるかないか、線量率効果係数はいくつにするかなど、機械的議論に傾きがちですが、本当は、線量率効果が何故生ずるのか、それが発現する線量と時間、しきい値のあるなしはどういう生物学的現象と関連しているかなどを明らかにすることこそ科学です。どういうがんでしきい値があり、どういうがんでしきい値が小さいか、またはしきい値がないのか、どのような人ががんになりやすいか、それらの理由は何か、発がんを予防する方法や、その理由を明らかにすることこそ重要です。昨今は日常の健康な食生活やライフスタイルの維持こそががん予防の決め手であることは識者には知られています。

有害物のしきい値とは、その値までは動物が傷害を示さないだろうと思われる境界の量のことです。別の言葉でいえば、しきい値とはその量までは動物が傷害を受けずに防御・対抗して生きることができる量です。放射線影響でしきい値がみられないのは、大集団の中には放射線に敏感な人が存在することも理由の一つかと思われます。将来的には人々の放射線感受性を調べる手段も開発されるかと思われます。

しきい値があること、線量率効果が存在することの意味は、ある線量まではある時間を与えられるならば個体の防御力が効果を奏することを示しています。生体の防御のメカニズムを解明すると同時に、どれくらいの全線量や線量率まで個体は耐えられるかを明らかにすることこそ科学であり、放射線に対し個体を積極的に防護する道を拓きます。

ハンス・セリエのストレス学説を引用するまでもなく、生体は環境の物質に対し共通の生理的反応を示します。放射線や化学物質に対する生体の反応は基本的に共通な部分がかなりあるので、今こそ専門分野の壁を越えて共通の土俵で低濃度物質の生体影響を議論すべきだと思います。

8章　ストレスと生体

(1)　ストレスと日常（ストレスにさらされている私たち）

小言幸兵衛の夫に毎日口うるさく言われる妻、上司にイビられる部下、クラスで集中イジメにあう子ども、実績に追われるセールスマン、四面楚歌の学究、トップに立つ政治家…など、誰でも知らないうちに、人はそれぞれの日々のストレスにやられています。

では私たちはストレスにやられて死んでしまうでしょうか？　ストレスを受ける状況やストレスの受け方は人さまざまですが、まずは、自分や他人にふりかかるストレスを冷静にみつめ、分析することから始めたいものです。

ストレスとは元は物理的な言葉で、物体にある力が加わった時の物体内の力の不均衡、すなわち歪みのことです。刺激が加わったとき私たちの身体は、その刺激に対して反応します。ぶん殴られたら痛い！　と思って筋肉を「うっ」と緊張させるし、いやなことを言われれば、「何を？　こん畜生！」と思うかもしれないし、あるいはさめざめと泣くかもしれません。人はさまざまな反応をします。いろいろの有害因子にやられても、身体がそれに立ち向かう力があれば、私たちの身体はホメオスタシス（恒常性）が維持されていて、図8－1に示すように、四角は四角として健康な状態が保たれます。通常、人間は普通のときはさまざまな状況や環境に合わせて、自分の身体を調整、バランスさせて、恒常性を保ちながら生きています。

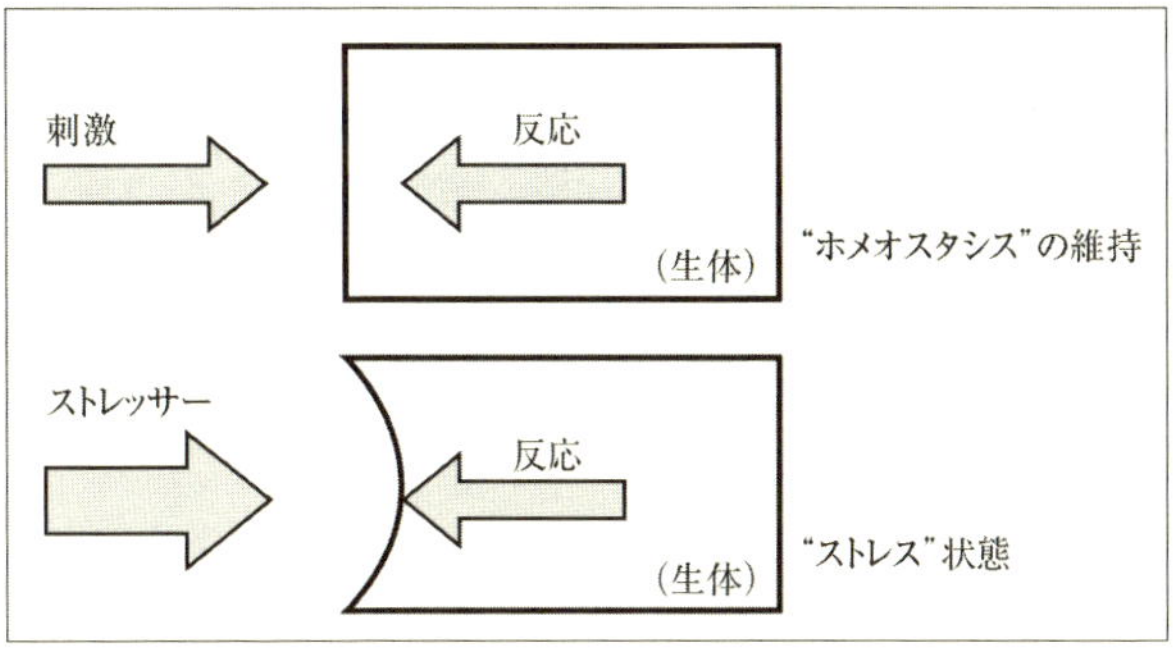

図8－1　ストレス状態を示す模式図

ストレスとストレッサーという言葉を専門家は一応区別しています。ストレスいうのは、図8－1の下図のように歪んだ状態のことをいいます。一方、ストレッサーというのは、その歪みを起こすような原因の因子をいいます。ですから、ストレッサーが矢印の左側から生体に向かって当たりますと、身体は反応するのですが、一時的に歪んだ、へこんだ状態になり、これをストレス（状態）といいます。人間は普通の時はさまざまな状況や環境に合わせて、自分の身体を調整、バランスさせて、恒常性を保ちながら生きています。

つまり、ストレスとは外部環境からの刺激によって起こる生体側の歪みであり、外部刺激の原因（ストレッサー）には、寒冷、騒音、放射線、電磁界など物理的因子、酵素、薬物、化学物質などの化学的因子、炎症、感染、カビなどの生物的因子、離別、怒り、緊張、不安、喪失、家庭内紛争、失職、職場替え、金銭問題などの心理的、社会的因子などがあります。

自分にふりかかるストレスを見つめ、分析するには、まずは自分の日常をかえりみて、自分に覆いかぶさってくるストレスはいったい何（どんなこと）かをはっきりさせましょう。それには、図8－2に示すホームズ・レイ尺度といわれる「社会適応スケール表」が、ストレス度チェック役に立つかもしれません。彼らは、被験者が一年間に受けたストレス度の合計が三〇〇点以上ならば、病気になる危険性が非常に高く、一五〇〜二九九点で、約三〇％減少し、一五〇点以下ならば問題なしと判定しました。

しかし、これらのストレスの影響には大きな個人差があり、影響の程度は「自分のライフスタイルに、自分がどれだけ満足しているか」にかかっているといわれていますので、ストレスの問題は多面的、総合的に眺めることが大切です。

ストレスが軽度であれば、身体はストレス緊急反応によって行動を開始し、疲労しても回復することができます。しかし、重いストレスが長く繰り返されると、身体はついていけずに、病的なストレス反応を示すようになり、睡眠の乱れ、慢性疲労、気力や判断力の低下、アルコールや薬物への依存、過食症や拒食症などが現れてきます。過剰なストレスは、本人も意識していないうちに、心臓発作、脳卒中、腎臓病、ウイルス感染、胃腸障害、呼吸器疾患、ひいては発がんなどさまざまな身体的疾患の原因となると考えられます。

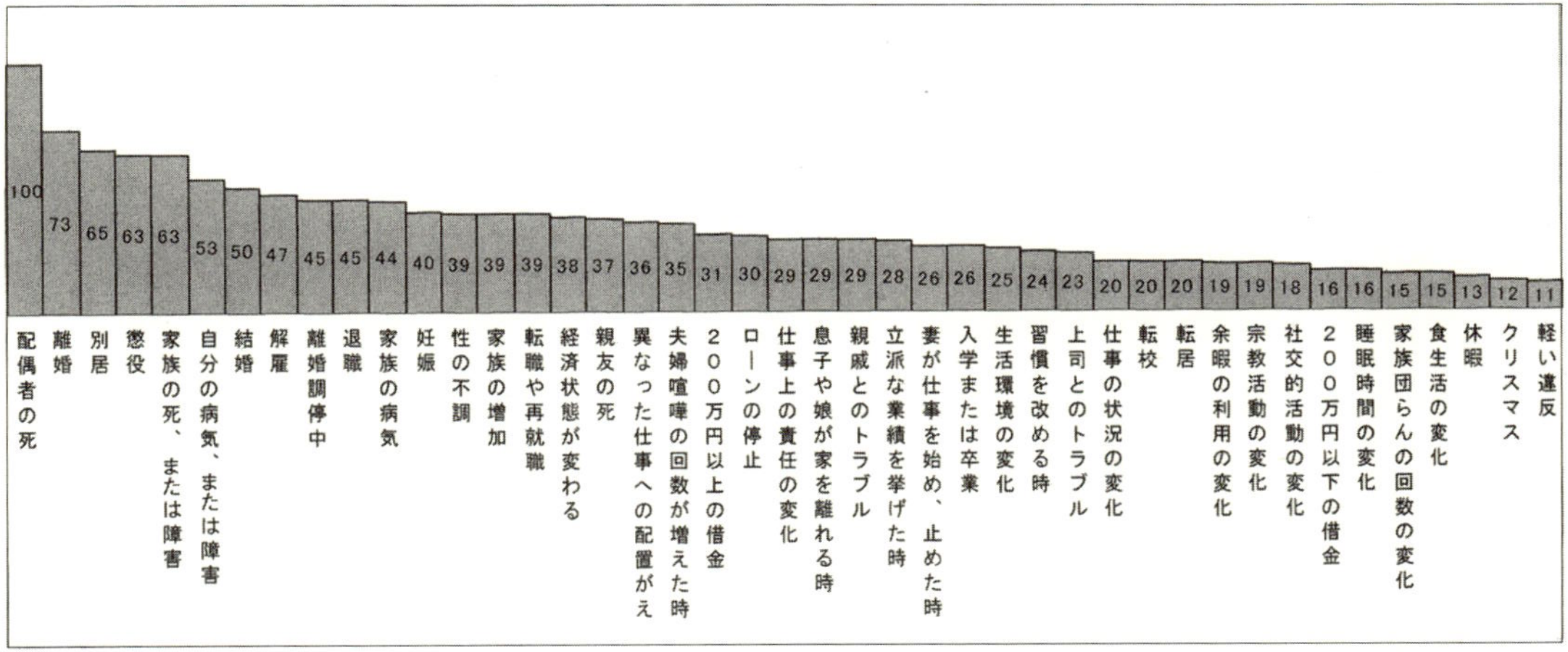

数字は生活変化単位　LCU

1〜150 (LCU)：ストレスがあまりない
150〜199 (LCU)：軽度のストレスをもつ
200〜299 (LCU)：中等度のストレスをもつ
300　以上 (LCU)：重度のストレスをもつ
と区分され、次の年に病気になる人の割合は
150〜199 (LCU)：37%
200〜299 (LCU)：51%
300　以上 (LCU)：79%　と言われている。
従って、150Lcu以上の人は注意が必要です。

図8-2　ストレス要因と社会面適応評価表（ホームズ・レイ尺度）

(2) セリエのストレス学説

ハンス・セリエは一九三六年に「Nature」という学術雑誌にストレス学説に関する論文を発表しました。その基本は、「ストレッサーに曝された生体は異なる刺激の種類によらず共通の一般的適応反応を示す」ということです。

すなわち、卵巣や脳下垂体を摘出したネズミに卵巣エキスを注射すると、ネズミの内臓で「副腎皮質の肥大」「胸腺やリンパ組織の萎縮」「胃十二指腸の出血性潰瘍」という三つの反応（症候群）がみられました。卵巣エキスのなかにそのような変化を引き起こす未知の因子があるらしいと考えて実験を進めました。ところがその後、腎臓や皮膚のエキスを注射しても、やはり上と同じような三つの症状が起こったのです。試みに組織障害性の強いホルマリンの希釈液を注射すると、エキスよりもさらに強い程度の上記の症候群がみられたのです。

実は、医学生であった彼は、臨床講義の場で、教授がいろいろの病気の違いや特徴を説明しているにもかかわらず、実際にさまざまな病名の異なる患者さんが現れてみると、どの患者さんも同じような共通の様子や表情をしていることに気がついたのです。どうして共通なのでしょうか。セリエ氏はその理由について実験動物を用いて何年もかけて研究を続けました。

セリエ博士の提唱したストレス学説というのは、さまざまなストレス要因（ストレッサー）、例えば外傷、中毒、寒冷、伝染病など、どのような（非特異的な）ストレス要因が持続的に身体に加わっても、その刺激とは無関係に、人はみな同じような一連の（定型的な）個体防衛反応を起こす、ということを見出したのです。それをセリエ氏は「一般適応症候群」と呼びました。したがって、ストレス学説は一般適応症候群学説ともいわれています。この学説のミソは、「刺激の原因がさまざまに異なっても、生体は一様に同じような仕方で反応する」ということです。前の章のコラムで述べた、「金属投与が放射線傷害を軽減した」という私の研究は、セリエのストレス学説を証明することだったと後で気がつき、私はセリエ博士に親近感を覚え、彼の原著を大切に保存していました。

「一般的適応症候群」とは、人間がストレスに曝された時に脳の視床下部や副腎皮質などからのホルモン分泌や自律神経系の神経伝達により起こる反応です。その際、体内では副腎皮質の肥大、胸腺やリンパ組織の萎縮、胃十二指腸の出血性潰瘍という三つのストレス反応がみられます。その反応の時期は、図8－3のように、警告反応期、抵抗期、疲憊期の三反応に分けられます。第三の疲憊期から個体が回復しないと個体は死につながります。ストレス要因が非常に強烈なら、胃や腸などの内臓にストレス性潰瘍や出血などを起こし、警告期から一気に死に至ることもあります。ストレスの要因が弱かったり一時的である場合は個体は警告反応期や抵抗期に応じた適応反応によって個体は回復に向かいます。

こうして身体がストレスに対抗する時に大きな役割を果たすのが、ストレス・ホルモンと俗称

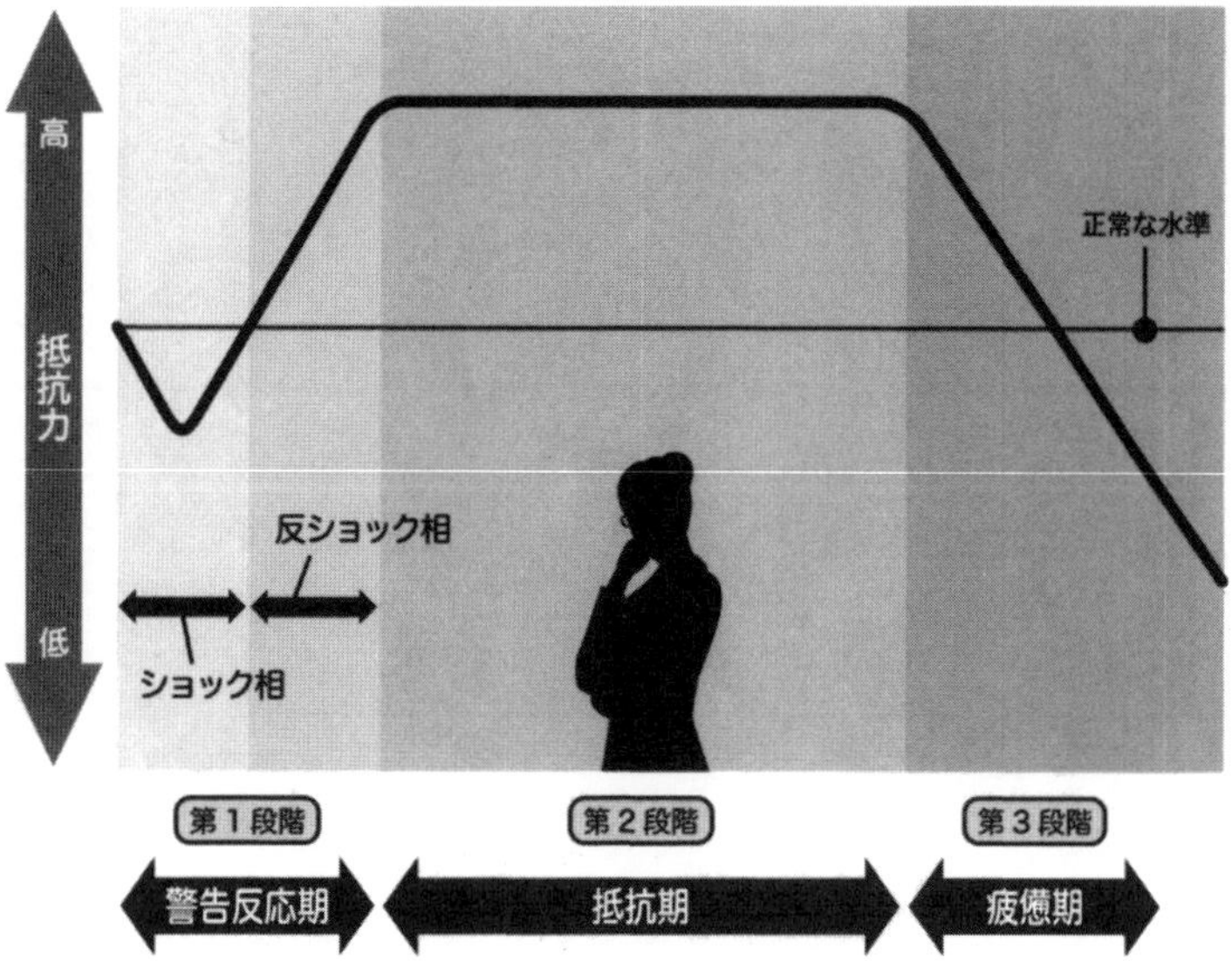

図8-3　セリエのストレス学説

されている脳下垂体前葉－副腎皮質系ホルモン（ＡＣＴＨ－副腎皮質ステロイド）です。ＡＣＴＨの刺激で分泌されるアドレナリンが交感神経を活性化させ、非常事態に備えた身体の防衛反応を助けます。

警告反応期はストレッサーに対する警報を発し、ストレスに耐えるためのからだの内部環境を急速に準備する緊急反応をする時期です。警告反応期は、図8－3に示したように、ショック相と反ショック相に分けられ、ショック相は、ストレッサーのショックを受けている時期であり、自律神経のバランスが崩れて、筋肉の弛緩、血圧低下、体温低下、血液濃度の上昇、副腎皮質の縮小などの現象がみられ、外部環境への適応ができていない状態といえます。一方、反ショック相はストレス適応反応が本格的に発動される時期で、視床下部、下垂体、副腎皮質から分泌されるホルモンの働きにより、苦痛・不安・緊張の緩和、神経伝達活動の活性化、血圧・体温の上昇、筋肉の緊張促進、血糖値の上昇、副腎皮質の肥大、胸腺リンパ節の萎縮といった現象がみられます。

抵抗期は生体の自己防御機制としてのストレッサーへの適応反応が完成した時期で、持続的なストレッサーとストレス耐性が拮抗している安定した時期です。しかし、この状態を維持するためにはエネルギーが必要であり、エネルギーを消費しすぎて、エネルギーが枯渇すると次の疲憊期に突入します。しかし、疲憊期に入る前にストレッサーが弱まるか消えるかすれば、生体は元へ戻り、健康を取り戻します。

疲憊期はさらに長期間にわたって継続するストレッサーに対して、生体が対抗できなくなり、段階的にストレッサーに対する抵抗力（ストレス耐性）が衰えてくる時期です。疲憊期の初期には、心拍・血圧・血糖値・体温が低下します。さらに疲弊状態が長期にわたって継続し、ストレッサーが弱まることがなければ、生体はさらに衰弱し、死に至ることもあります。

(3) ストレスとどうたたかうか

さて、ストレスに対して私たちはどう対処しているでしょうか。人は一人で暮らしても、家族がいても、社会生活をしても、多かれ少なかれストレスなしの生活はできません。皆それぞれに対処しているはずです。

表8-1は、いろいろなストレスを持った婦人科の患者さんに、どんな治療がなされたかというう少し古いデータです。女性の場合、更年期障害とか、内外のストレスがあっても、男性のように一人で酒を飲みに行くとか、怒鳴るなど発散するのが下手で、仕方なく病院に行く人も

	昭和51〜54年	昭和58〜63年
向精神薬	77	191
ホルモン剤	66	154
面接主体	38	122
漢方薬	0	54
自律訓練法	45	32
交流分析	15	8
森田療法的面接	6	5
針治療	0	6
読書療法	6	3
バイオフィードバック	2	2
行動療法	3	0
催眠療法	1	0
身体的治療（消炎剤、抗生剤、造血剤）	0	12

（郷久 1988より引用）

表8-1　婦人科でのストレス治療別頻度

います。そういう時に、どんな治療がなされたかというと、今から三十年くらい前のデータではありますが、以前には、精神安定剤やホルモン剤の投与以外に、自律訓練法とか、交流分析や森田療法などが行われていたのです。森田療法とは、自分で自分の心理を自己分析して、自分はこういう理由や原因で苦しんでいる、だから自分のありのままを認め、努力できることは努力し、

そこから先は他人に治してもらう、というように、自分の力を使いながらストレスを克服していこうとする治療で、森田正馬《まさたけ》博士が開発した方法です。その他、針灸とか、読書とかいろいろな方法があることでしょう。しかし、時代が経つと、どんどん薬物療法が増加して、最近は薬づけ医療です。それだけ、人間が弱くなったのでしょうか。

ストレスに対して自分が闘うよりも、薬に頼ってしまう、将来はストレスがあってもすぐに快適になってしまうようなエンドルフィン的な薬剤ができるとか、いくら大食しても太らない薬などができてしまうと、人間は全然努力しないでストレスから開放されてしまう。すると、人間の生態防御機構全体が衰弱してきて、これも子孫のために良くないのではないか、と製薬会社の人でさえ言っています。理にかなった薬の使用は人を救うのは確かです。しかし、適正な使用量に配慮すべきです。

ストレスに対処するには、

1　自分のストレスを直視し
2　自分のストレスの原因を考えてみる
3　ストレスに対処する
4　ストレスを感じなくする方法

・食べる　・寝る　・話す　・運動する　・小さい目標や小さい好意で満足する　・書く
・絵を描く　・唄う　・楽器を奏でる　・ゲーム　・お洒落をする　・買い物をする　・友

だちに電話する　・旅行する　・散歩する　・ペットを飼う　・車を運転する　・電車に乗る　・苦しむ人たちのことを考える　・アルバイトを見つける　・新しい仕事を探す　など

5　民間ではこれまでいくつもの健康療法が提案、実施されてきました。

自律訓練法：自己暗示によって身体の各部をリラックスさせる

カイロプラクチック：筋肉や骨格の不整を強制する

催眠療法：催眠術を使って催眠状態にある患者に意識下に暗示を与える

ハリ療法・指圧療法：東洋医学的技術で、経絡やツボ刺激して、気の流れを調整する

などです。

9章　いのちと環境

人の健康に及ぼす環境の影響についての認識は、すでに二〇〇〇年以上前にヒポクラテスが「空気・水・土地」という論著に書き表したように長い歴史があります。

今から一五〇年ほど前に、衛生学は「環境の学」であるとして環境衛生学を近代科学として確立したのがマックス・ペッテンコーフェルです。彼は有機化学、医化学、生理化学の研究者でしたが、空気暖房、衣服衛生から建築衛生へと、衣食住に関する予防医学的研究に物理化学的技術を導入してこれを実験衛生学と名づけ、環境と人間の関係について追究しました。折からクロード・ベルナールは、生物が外界からの衝撃に抵抗して、自身の「内部環境、milieu interieure」を安定に維持することこそ、生命の本質であると述べました。この概念はウォルター・ブラッドフォード・キャノンによってさらに発展し、生体が内部環境を一定に保つ働きをホメオスタシス（恒常性維持）と名づけました。この概念は前にも述べましたが医学的に非常に重要で、患者の身体の生理的恒常性の維持こそ、すべての臨床医が最も心を砕く視点です。外側の環境との反応をホルモン反応などで追跡したキャノンらに対し、イワン・ペトローヴィチ・パブロフは犬を用いて条件反射を調べる実験によって、動物が環境に対し、生理的に反応する様子を観察しました。

8章で述べたように、ハンス・セリエは一九三六年に「一般適応症候群―ストレス学説」を発表し、生体は外界からの刺激に対し受動的に反応するのみならず、脅威を払いのけて積極的に防御や適応反応を示す機序について考察しました。一方、産業の進展とともに、鉱山労働者に多く見られた化学物質による被害の歴史が調べられたり、人と伝染病との戦いのなかで、病原微生物の浸入に対する免疫反応のメカニズムなどが解明されてきました。

公衆衛生学者のルネ・デュボスは、「疾患の問題さえ解決すれば健康がつくりだされるわけではなく、健康とは人が毎日遭遇する環境からの挑戦に対して反応し、さらに適応する個人的態度の現れである」と述べました。生体は環境の変化や刺激に抵抗して恒常性を保とうとするものであり、生体の恒常性（ホメオスタシス）は、常に変化する環境と生体とのあいだの動的平衡として初めて達成されるとして、環境への適応の大切さを強調しました。このようにして、次第に人と環境とのかかわりを調べる学問が進展してきました。

有害因子が生体に負荷される場合、現実の人間環境のなかでは、有害因子は通常一因子ではなく多数の因子が同時に作用する場合の方が多いのが現実です。人間はさまざまな環境因子に囲まれて生活していますが、それらの因子に対する人間側の生理的状況もさまざまで、これらの因子が複雑にからみあった結果、障害が発生したり、発生しなかったりします。

(1) 環境問題をふりかえる

生命を脅かす外からの危険因子には、微生物などの感染による伝染病の脅威と、物理的・化学的さらに社会的有害因子があります。3章(3)節でも述べましたが、かつては、石切り場の労働者のよろけ（硅肺）、煙突掃除夫にみられた陰嚢がん、ウラニウム鉱山労働者の山の病（実は職業性肺がん）、ラジウム蛍光塗料をつけた筆をなめながら作業を続けた時計盤職人の口唇がんなど、痛々しい職業病の歴史が、それらの危険を明らかにしてきました。

しかし、一九四五年の広島・長崎の原爆の炸裂、戦後の一九五〇〜六〇年代の東西陣営の核爆発実験競争による全地球的放射能汚染を契機に、環境有害物質の人間への危害は一産業内の労働者にとどまらず、広く一般大衆に、しかも国際的スケールで波及するようになりました。それはまた、わが国で発現した水俣病やイタイイタイ病が、工場労働者とは関係ない一般住民の間に突然発生した事実と呼応しており、有害要因に関する医学は広く一般公衆のための環境科学としてその領域を拡大してきました。

一九七〇年代は水俣病やイタイイタイ病の発症因子と目される有機水銀やカドミウムなどの重金属のほか、スモンの元凶となった医薬品のキノホルム、塩素系有機化合物であるDDTやBHCなどの殺虫剤、有機リン系農薬、AF2など発がん性を疑われる食品添加物、そしてアスベスト、PCBなど産業的に広く使われる物質による人体被害、さらに卑近なタバコや酒の害などが次々と話題にのぼり、健康問題イコール環境汚染物質問題の観を呈しました。

八〇年代に入ると豊かさを反映してか、人々の関心は個々の要因を槍玉にあげるよりも、もっと総合的なこと、つまりがんや心臓病などの成人病を予防して、少しでも長生きすること、すなわち、より健康的なライフスタイルの模索ということに移ってきました。汚染地域での公的規制が進み、産業界での汚染対策は次第に効を奏し始めました。

しかし、皮肉なことに八〇年代後半にアメリカ合衆国やアフリカでエイズ（HTLV Ⅲ、後天性免疫不全症候群）が急増を始めました。

九〇年代からは内分泌攪乱性化学物質やダイオキシンの生態系への影響が脚光を浴びました。環境汚染物質の中には低濃度でもホルモンに似た作用をもつ物質があり、水棲生物の雌化などが心配されました。また、化石燃料使用によるCO_2の増加と地球温暖化が憂慮されるようになり、一九九七年にはCO_2削減のための割当量に関する京都議定書が国際的に採択されました。

これらの問題は、その影響が時間をかけて広く地球上の生態系全体に及ぶため、影響評価が困難で、細分化された既成の科学的方法では解決しにくく、ポストノーマル・サイエンス的手法（後述）も提唱されています。今世紀にはＢＳＥ，ＳＡＲＳ、鳥インフルエンザ、近年は、新型インフルエンザの世界的流行、アフリカのエボラ出血熱、南米のジカ熱など、新しい感染症が問題となっています。

(2) 人間を取り囲む環境要因

まず、人を取り囲む環境要因を整理してみると、

① 物理的要因：光や放射線や電波などの電磁波、温度、湿度、気圧、騒音、振動、暴力など
② 化学的要因：空気中の酸素量、NOxやSOx、ダイオキシンなどの有害化学物質、食餌、医薬など
③ 生物学的要因：周囲の動植物、病原性微生物、かび、ペット生物など
④ 心理的要因：周囲（家庭、職場、社会で）の人々との人間関係など
⑤ 社会経済的要因：都市や社会（人間集団）における人間の位置・役割・収入など

があります。

(3) 生態学（エコロジー）とは

生態学すなわちEcology（エコロジー）とは、生物あるいは生物群と環境の諸因子間の相互関係を研究する学問です。語源は家や生活状態を意味するギリシャ語の"oikos"に、学問を意味す

る -logie をつけた造語が oekologie=ecology です。

生態系 ecosystem（エコシステム）とは、自然界のある場を特定し、そのなかの動物、植物、微生物などの生物的部分が、周囲の非生物的部分とともに作り出しているシステムと定義されます。すなわち、自然界のある場のなかで、動物や植物の集合と、それをとりまく環境の非生物的部分（大気、水、土壌、光、気象など）とが相互に関係しあいながら一つのまとまり（系）をなし、その部分を生物―環境系としてまとめて生態学の主要な研究対象とします。

これらの各因子と人との相互関係に関する学問が、人間生態学または人類生態学です。人間生態学は疫学（第5章参照）と並んで、保健学や公衆衛生学の基礎となる学問で、「いのちと環境のつながり」や「みんなの健康」について考察するために役立ちます。

生物は環境から呼吸や食物を通して栄養物質をとり込み、同時に不要物を排泄します。この際、生物は特定の物質を体内に貯め込み濃縮することがあります。その物質が身体にとって有害な場合もあるので、有害物質については、環境から生体への濃縮度、すなわち濃縮係数を測る必要があります。例えばある川の水が、ある有害物質で汚染されると、その水環境で育った汚染したプランクトンや水草は小エビに食べられ、その小エビは魚に食べられ、その魚は大きな鳥に食べられ、その間、汚染物質は腎臓などの特定の臓器に次第に濃縮して、最終的には川水の濃度の何万倍にも濃縮される場合があったりします。図9－1はオンタリオ湖におけるＰＣＢの生物濃縮を図で示したものです。

ある特定の場所の生態系に注目すると、生態系の中の生き物には、必ず食う食われるの関係で繋がっています。この連鎖を食物連鎖といいます。このように環境とさまざまな生物同士のつながりを総合的に眺め、互いの生物の量的・質的な動静を調査します。

生態系のなかで、環境と生物との間の物質循環やエネルギーの流れ、さらには情報交流の視点から、その構造、機能、遷移、進化、循環などが研究されます。

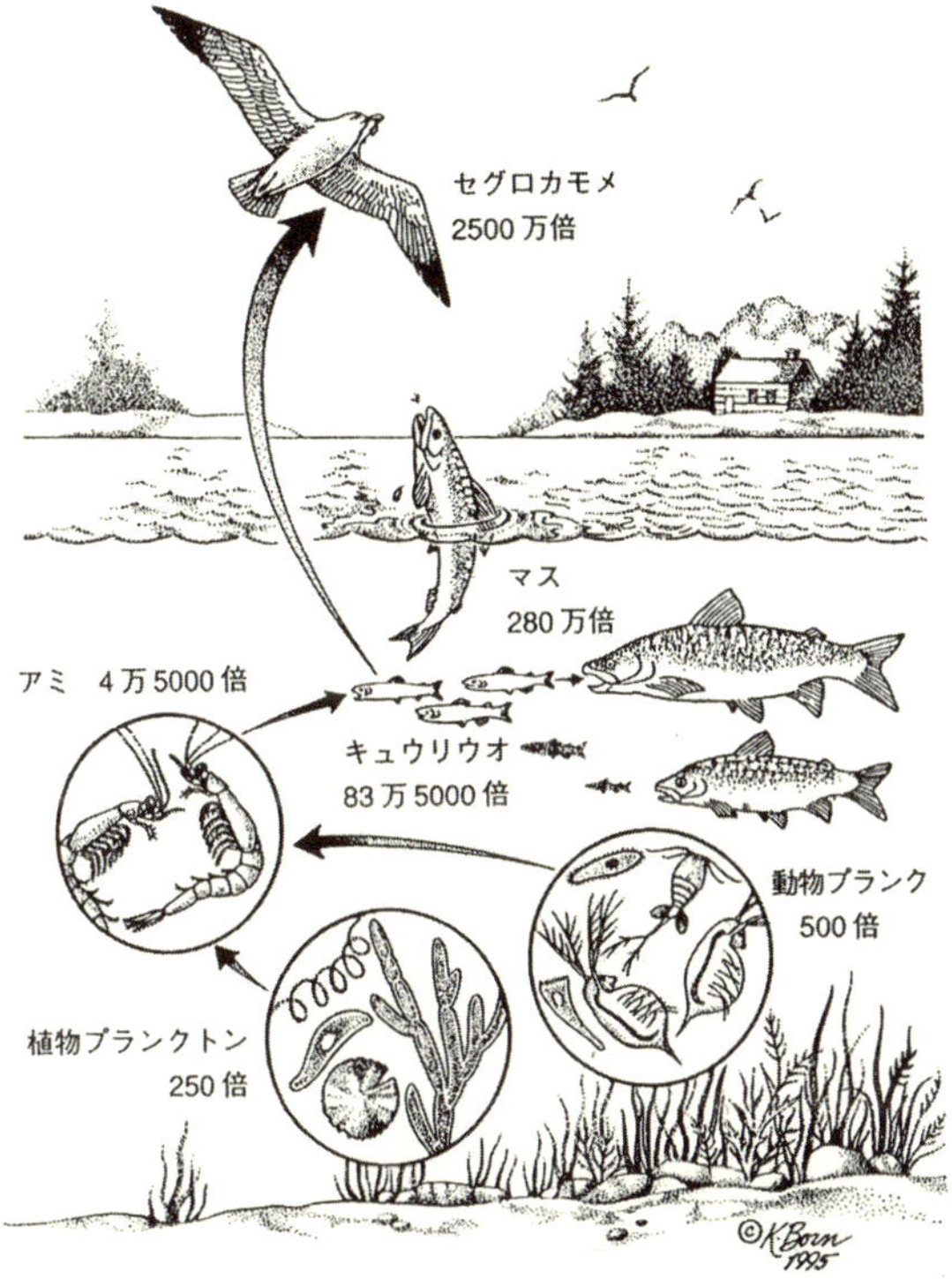

図9－1　オンタリオ湖における PCB の生物濃縮

生態系は通常、太陽エネルギーのみに依存する閉じた系であり、生態系の営みは図9－2に示す食物連鎖ピラミッドの図のように、生産者、消費者、分解者の役を担う生物群から成り立っています。そのなかで生物と環境間の物質循環とエネルギー

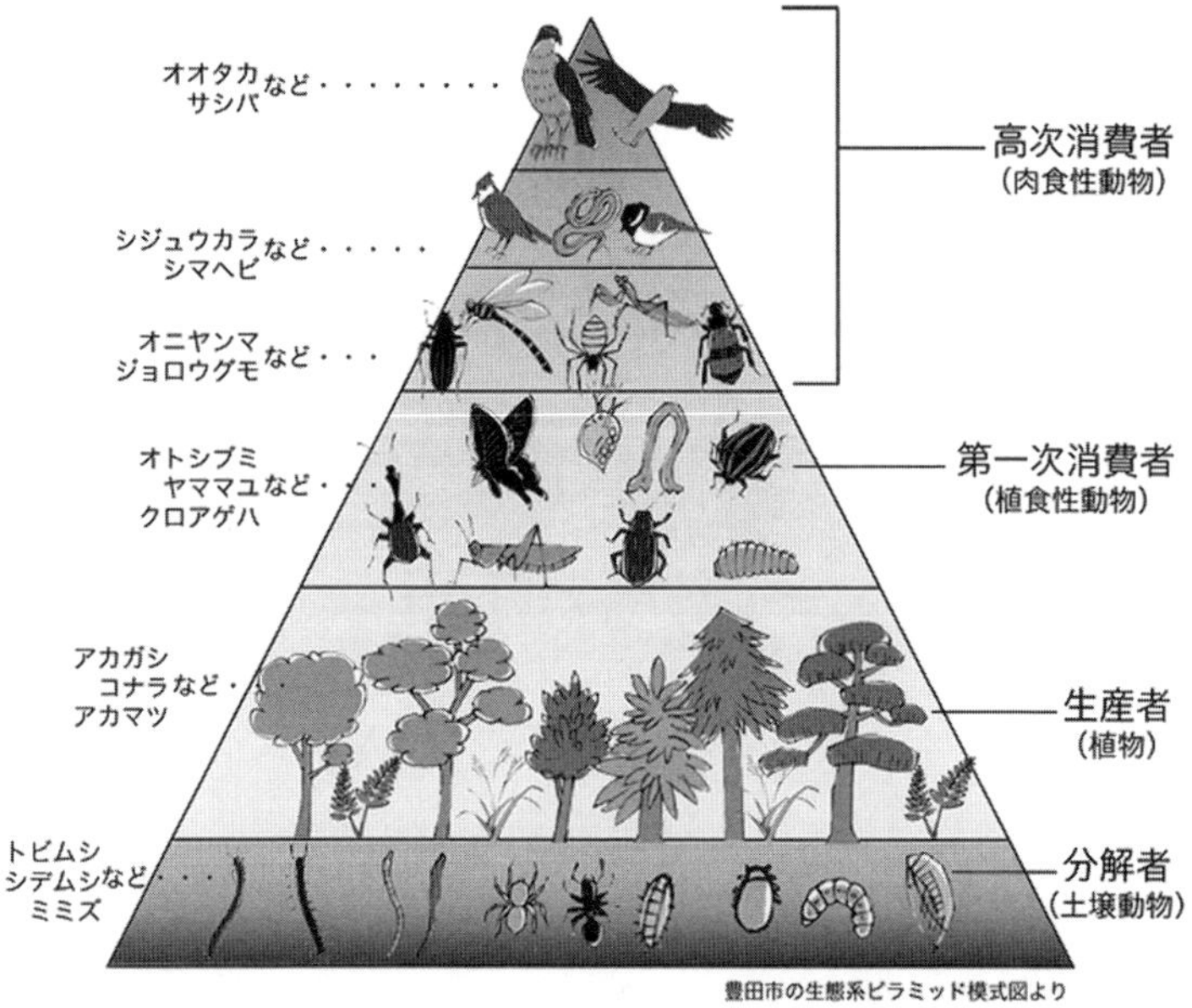

図9-2　食物連鎖ピラミッドの一例

産生と消費が行われます。

緑色植物は太陽エネルギーを利用して光合成を行う独立栄養生物であり、環境中の二酸化炭素と無機塩類（NやP）や水などの無機物から有機物を合成して増殖できる「生産者」であり、動物は植物に依存して生きる従属栄養生物で、「消費者」です。

植物や動物は最終的には「分解者」である腐生微生物（細菌など）によって無機物にまで分解され、無機的環境に還元（戻）されます。自然界では、植物、動物、微生物がそれぞれ、生産者、消費者、分解者の役割を担って、互いにバランスをとりながら生きています。同時に生物は環境との相互作用の結果として、生活相（life form）や自分が生きるための生活の場（niche）を作り出しています。

生態学は生物集団や社会的環境条件にも注目し、群生態学に発展しました。

(4) 地球環境問題

今日、地球環境は大きな危機に直面しています。先進諸国を中心とした天然資源やエネルギーの大量消費に伴って、地球の温暖化など地球規模での環境問題が深刻になっています。地球温暖化とは、二酸化炭素など熱を吸収し大気中に熱をとどめる性質のあるガスが増加し、地球全体の温度が高まる現象です。地球温暖化問題はその予想される影響の大きさや深刻さから見て、人類の生存基盤にかかわる最も重要な環境問題の一つです。同時に、開発途上国では急激な人口の増加とともに、急速な発展や開発に伴って、森林の減少や砂漠化、環境汚染や公害の発生が急速に進行しています。

1 問題の発生の要因

原始の地球が生まれたのは今から約四六億年前ですが、大気は二酸化炭素（CO_2）や水蒸気や窒素を主成分として高温だったと思われます。水蒸気や二酸化炭素が海へ移動し、次第に地球が冷えると、約三二億年前に地球上に初めて大気中の二酸化炭素を材料にして栄養分を作り出す光合成機能を持つ藻類が発生しました。こうして二酸化炭素は減少し、大気中の酸素が増え始めました。

数億年前から地球上で生物が多様化し始め、約四億年前には羊歯植物や爬虫類が大発生しました。私たちが現在消費している石炭・石油などの化石燃料はこれら数億年前の生物の死骸が地中に埋もれて地熱で固まって形成されました。その後地球では、生物の呼吸による二酸化炭素の生成と、植物の光合成による二酸化炭素の吸収や海水の調整機能により、地球大気中の二酸化炭素濃度は何億年も一定に保たれてきました。

現代の人類が炭素の化合物である化石燃料をエネルギーとして大量に使用し続けることは、これまで何十億年にもわたって地中に固定されてきた炭素を、人為的に一挙に大気中に放出しているわけで、この放出に見合う二酸化炭素の吸収（量を減らす）がない限り、地球の炭素サイクルのバランスはくずれて、大気中の二酸化炭素が増加してさまざまな問題が生ずると考えられます。

2　地球温暖化の仕組み

地球をとり巻く大気中の二酸化炭素、メタン、などの気体は、太陽光線のほとんどを地上へ通過させる一方、地表面から宇宙へ放出する赤外線は吸収する性質を持っていて、地表の気温を保持する役割（温室効果）を果たしています。このことから、二酸化炭素やメタンなどは温室効果

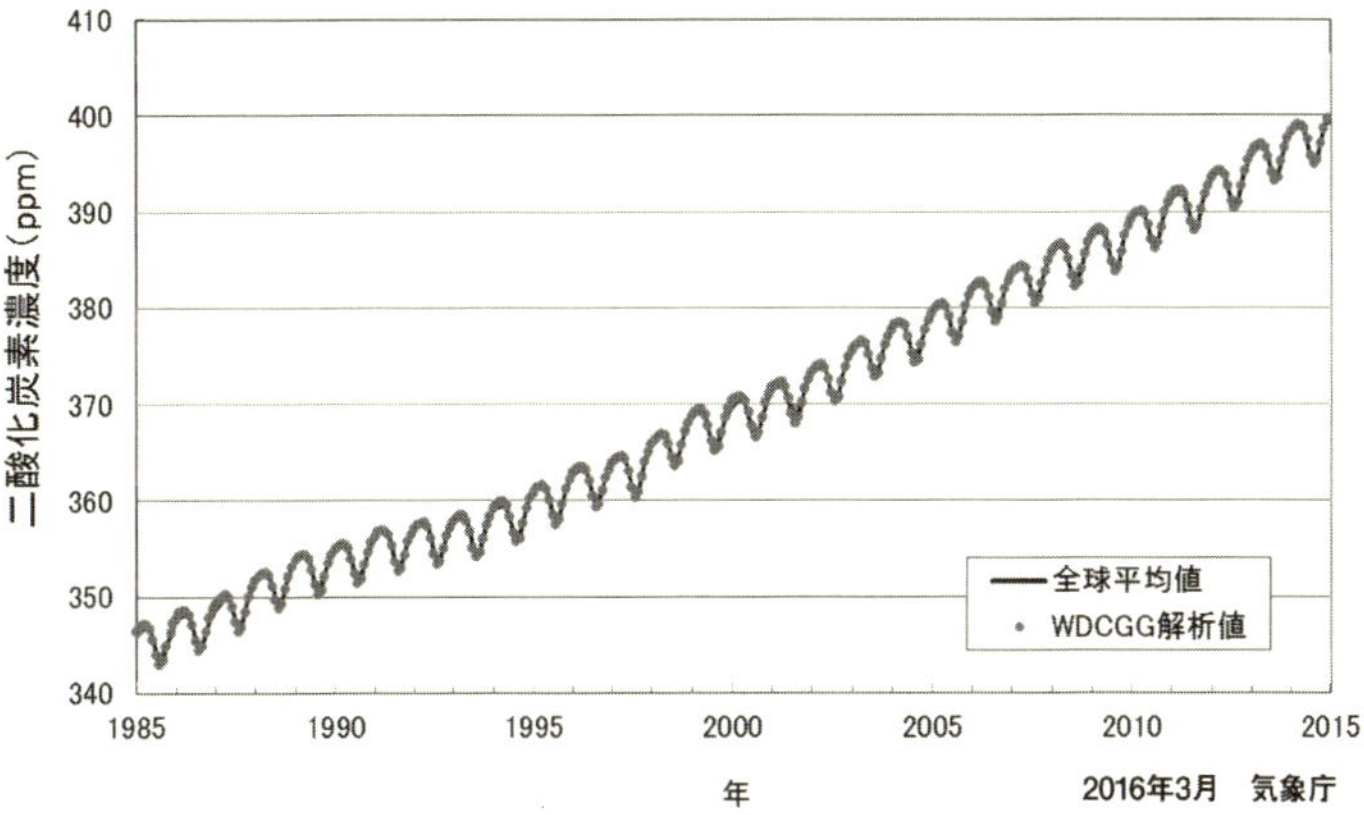

図９-３　二酸化炭素濃度の全球平均経年変化

ガスといわれています。

温室効果ガスには上記のほか、一酸化二窒素、ハイドロフルオロカーボン類、六フッ化硫黄などがあり、化石燃料や工業利用に伴って排出されています。近年、大気中の温室効果ガスの濃度が徐々に増加し、二酸化炭素濃度は産業革命以前には二八〇ppm程度でしたが、図９-３に示すように、現在では四〇〇ppmと約五〇%も増加しました。地球の平均気温も上昇しつつあります。

３　地球温暖化の影響

二〇〇一年のＩＰＣＣ（気候変動に関する政府間パネル）の報告における予測シナリオでは、地表の平均気温は二一世紀末までに一・四から五・八℃上昇すると推定されます。

地球温暖化によって、海水の膨張や氷河の融解によって海面の上昇を招き、今後一〇〇年間で九ないし八八cmの上昇が予測されています。また、世界の多くの地域における変化として、大雨などの異常気象の増加、開花時期の変化、穀物生産への影響、感染症の被害の拡大、野生生物の種や個体群の変化、生態系の変化など、人間の生活や健康への広範な影響が懸念されています。残念なことに、すでに人里はなれたオーストラリア周辺の太平洋のサンゴ礁の劣化が進行しています。

今日、地球環境は大きな危機に直面しています。地球上で環境への配慮がなされないままに、人間の活動が大規模となりすぎ、その過程で発生する汚染物質、不要な物質、危険性のある物質が環境へ大量に排出、廃棄されることとなりました。地球上の生物が生活している領域は生物圏(biosphere)といいます。地球の生物圏は、直径約一二〇〇〇kmの地球全体からみれば、地上の対流圏一二kmに、海洋の最深約一〇km程度を加えた厚さ約二〇kmの薄い層です。この上でさまざまな生物が生き続けており、非常に活発な生命活動が営まれていますが、環境の変化に敏感な薄皮です。

地球環境問題は年々深刻になっていて、先進諸国を中心とした天然資源やエネルギーの大量消費に伴い、地球規模での温暖化が進んでいます。開発途上国では急速な発展・開発が進み、人口が増加しています。世界中の人々の消費活動の増加が、特に発展途上国で深刻な森林の減少や砂漠化、環境汚染や公害発生の原因になっています。

4　酸性雨の被害

酸性雨とは硫黄酸化物や窒素酸化物などの大気汚染物質をとり込んで生ずる酸性（pH5・6以下）の雨が降ることです。

石炭や石油など化石燃料の燃焼によって排出されるガス状の硫黄酸化物（SOx）や窒素酸化物（NOx）が大気中で長い間ただようちに、複雑な化学反応を繰り返し硫酸や硝酸に変わり、雨にとり込まれ、強い酸性の雨となって降る雨のことです。酸性雨は湖沼や河川や土壌の酸性化を起こし、魚類や森林に被害を与えるとともに、樹木や建造物に悪い影響を及ぼします。とくにヨーロッパで被害が甚だしく、日本でも平均pH4・9の酸性雨が観測されていますが、SOxやNOxの排出規制が進んでいることと、高温多湿のせいか生態系への影響は明らかではありません。

5　オゾン層の破壊

オゾン層の破壊とは地球成層圏で、人体に有害な紫外線を吸収する役割をしているオゾンが、フロンなどの人工的化学物質により破壊され、成層圏のオゾン濃度が減少することです。クロロフルオロカーボン（CFC）などを使用すると、これらガス状物質は成層圏に達して、化学反応で塩素を発生し、次々にオゾン分子を破壊します。南極では毎年一〇月頃にオゾン層が非常に薄くなり、オゾンホールが観測されています。オゾン層が破壊され、有害な紫外線の地上への到達量が増えると、皮膚がんや白内障などの健康障害が増加するのではないかと懸念されています。

6　森林の減少と地球の砂漠化

森林の減少と地球の砂漠化とは、樹木の伐採、過度の放牧、不適切な農業や、雨や風の影響によって、肥沃な土地の生産力が低下したり、さまざまな生物の宝庫である熱帯林などが失われることです。熱帯林とは常緑の広葉樹が茂るジャングルで、赤道周辺のアジア、アフリカ、南米の高温多湿地域に多くあります。先進国の伐採、発展途上国の貧困、人口増加などにより急激に森林が失われ、生物種が減少して、土砂崩れや洪水などの災害が発生しやすくなっています。

7　私たちの課題

人は一日約二〇〇〇カロリーのエネルギーを必要としますが、植物食にくらべて動物食では四～六倍、さらに現在の生活様式では必要原料やエネルギーは昔の一〇〇倍にも達すると算出されています。人のエネルギー源としての食糧問題を含めて、地球生態系での人間生存には地球生物圏の許容量に限界があることを知らなければなりません。

工業化社会は化学合成によって莫大な人工物質を生産してきました。自然生態系では生物は有機物として微生物により分解され、環境に還元されますが、化学合成物質は激しい人工条件で生産されているため、生物になじまず生分解が困難で、環境に蓄積、残留して環境汚染をもたらすことになります。地球生態系の保全と人類生存のためには、生物個体のホメオスタシスの維持にとどまらず、周囲の外部環境、さらには地球生態系の恒常性の維持をはからなければなりません。

いのちを見据え、健康な生活を送るには、素朴な自然に接することも大切ですが、大自然での精密で複雑な生物と環境との相互作用に眼を向け、それらの量的関係を知り、周囲の生物たちの将来を考え、次いで、私たちの将来を決する地球環境問題を考え、さまざまな情報を持つことが必要です。人類は今までに地球上の大型野生生物の九〇%を絶滅させたとも言われており、人間自身が自然に与えた悪影響を、もっと真摯に認知すべきです。

将来的に私たちが健康に生き、子孫に健康な環境を残そうと思うならば、もっと私たち人間の意志を使って問題を見つめるべきです。人々が協力し、今すぐ実行しなければならない課題が山積しています。

10章　健康リスクの防御対策 ―人間の生命力の復権への道―

地球温暖化を肌で感じる昨今、物に満ちあふれた日常生活や、どこもかしこもエスカレーターの使用など便利さの恩恵にあずかる一方で、都会のエネルギー消費の増大や途上国の人たちの不便を想い、後ろめたさを感じます。けれども、私たち自身のライフスタイルを変革するまでには至っていません。現状のまま化石エネルギー資源を大量に消費し続ければ、今世紀末には世界の平均気温が約四℃上昇するとＩＰＣＣ（気候変動に関する政府間パネル）は予測しています。全地球的にはすでに過去四〇年間に世界の自然災害は以前の約四倍に増大し、さらなる気候変動のため、二〇七〇年頃には北極の氷すら消失し、今世紀後半には人類の半分が熱帯性のウイルス病であるデング熱のリスクに曝されるという予測もあります。

二〇五〇年までにCO_2などの温室効果ガスを八〇％削減しようとするエイテイ・バイ・フィフティ（80 by 50）の掛け声が合衆国でも聞こえ始め、世界的に化石燃料の使用を半減させ、省エネを促進するとともに、新しいエネルギーも開発しなければならない時代でもあります。

しかし、なぜか日本では危機感がうすく、ぬくぬくとした生活環境のなかで、テレビやインターネットなど、ありあまる機械的情報に満たされ、アニメがはやるなど人々はますます生の生活実感から遠いところへと押し流されています。元気に泥遊びする子どもたちが減っただけでなく、私たち大人もまた、生活実感をはなれ、もはや九割近い人々がスマートフォンを使い、ゲームに熱中し、自身の生命力を燃焼することからは遠い生活に押しやられていると考えられます。

いったいこれでよいのでしょうか。今こそ人間は、古くから自然とのたたかいのなかで培ってきたしぶとい人間の生命力の回復への道を探るべき時ではないでしょうか。私はこれまで、自身の医学的研究のなかで、生き物の持つ生体防御機構の精緻さに魅せられ、有害要因とたたかう生命の力を実感させられてきました。これからの時代に向けて今こそ、人類は実質的な生存対策を考え、実行すべきであることを主張したいと思います。

(1) 個人の生体防御のための努力

環境の有害要因とたたかいながら生きる人間の生体防御機構をわかりやすく示すために、図10-1のようなマンガ絵を作ってみました。人は生まれてからずっと外界からのさまざまな酸化的ストレスや老化に抗して生き続けています。伝染病などで細菌感染すれば、皮膚や粘膜が発赤し、血液のなかでは白血球（好中球やマクロファージ）の貪食などの炎症反応を起こしますし、それに続いてリンパ球の活性化や免疫系が働き始めます。

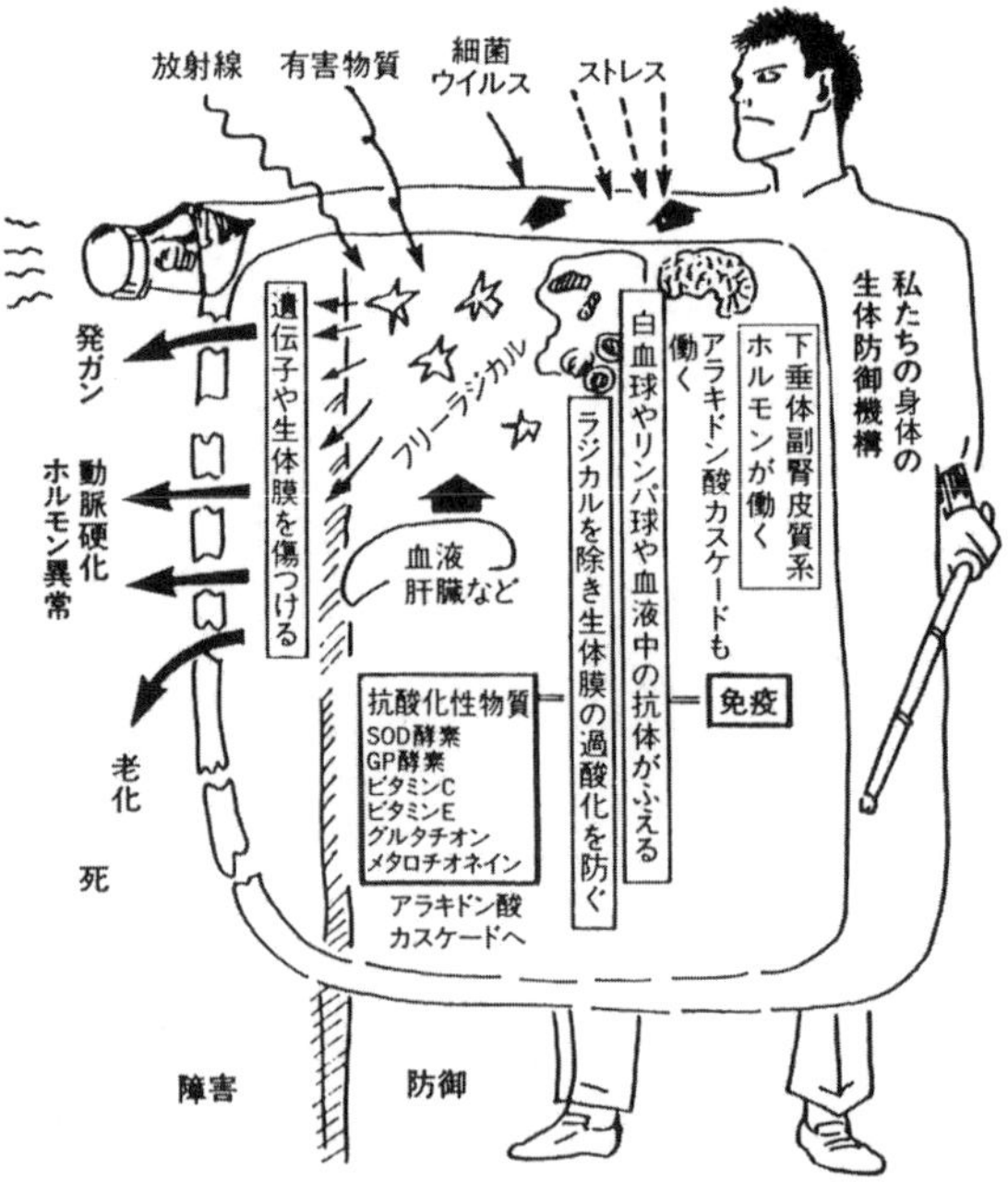

図10－1　有害物が生体に及ぼす影響と防御

しかもその際、免疫反応だけでなく、ラジカルを除くための抗酸化機構の活性化が連動して起こります。その働きをする主な臓器は、解毒を担う肝臓や、外界に接する皮膚、免疫反応を担う造血細胞、白血球、リンパ節などです。人がこうした防御が不十分だと、長年の間に動脈硬化、発がんなどをもたらします。

人間は自分の生理活動を一定に保つ（ホメオスタシスという）ことが、健康のために一番大切です。図10－2は、人が外からの刺激に対して、どのような影響を受けつつ、バランスを保っているかの様子を示す図です。私たち自身のバランス力を育てましょう。

誰でもできる健康への必要努力項目（八〇歳の私が実感したこと）

1．バランスのとれた食事を摂る

できるだけ多種類の食品を選ぶ、玉ねぎ、にんにく、大豆など抗酸化性の食品を多く摂る

偏食、暴飲暴食、はや食いをしない

2．人に接し、環境から適度な刺激を受ける

3．週に一、二回は運動をする

4．自分に合った睡眠時間を確保する

の四項目です。

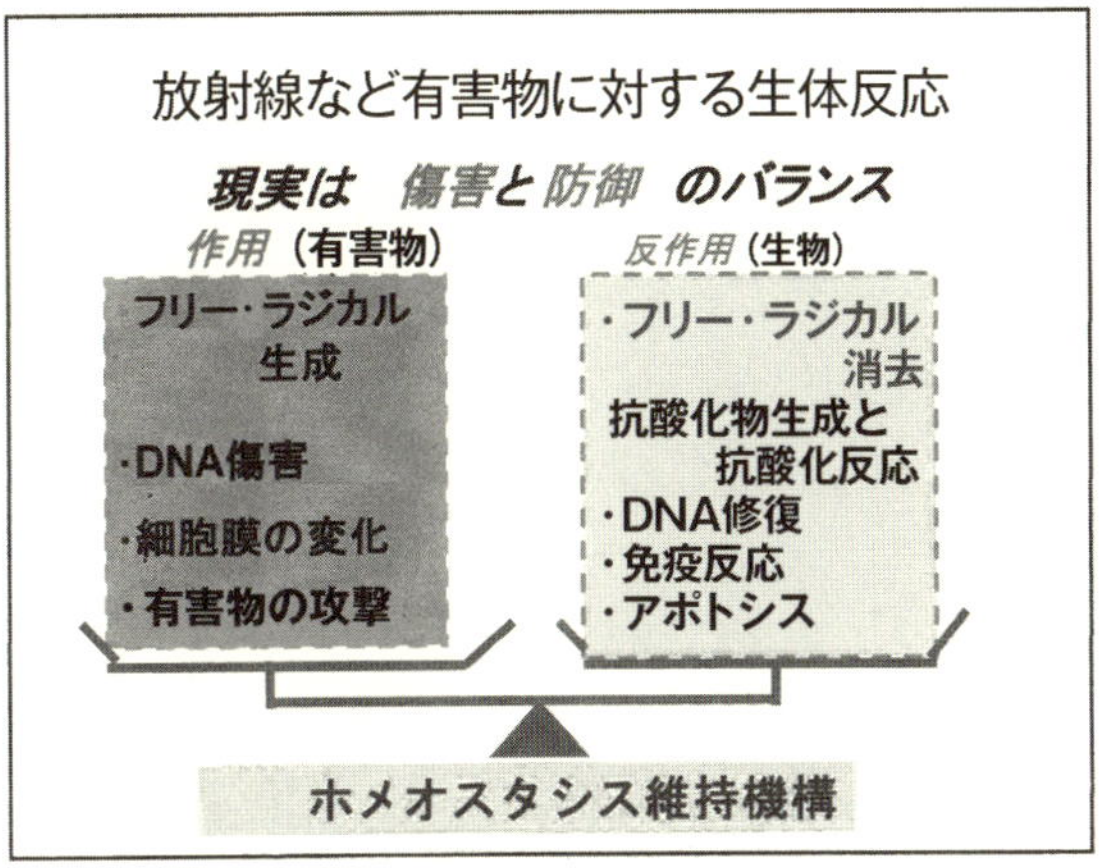

図10－2　有害物に対する生体反応

(2)　情報化の時代と人間

沢山のテレビチャンネルに加えて新聞はますます厚さを増し、人々は日常のあふれる情報に遂に辟易し始めました。また、インターネット情報の多様さと拡散力のすごさには驚く暇もありません。情報の豊かさはありがたいことです

が、人間には情報に対しても許容できる限界があるのではないでしょうか。

それらの情報は昔と違って、周囲の人や環境から直接伝えられるのではなく、大部分はテレビ、新聞などのマスコミやスマートフォンなどを介して間接的に、より安易に得られる情報です。これでは人々は当然受身の対応しかできません。

電脳空間、サイバースペース、バーチャルリアリティなどの言葉がありますが、電子機器が提供するバーチャルな情報は、人々に当事者的には偽の、すなわちバーチャルな反応やバーチャルな時代感覚を持つ人間を増やすことでしょう。

一方、すでに国々は二〇世紀の前半には金本位制を脱して、現在の世界の経済はすべて、信用に基づく約束事で機能するシステムの上で動いています。手で捕まえることのできない物理的な形のないシステムで、一儲けする人や国も、大損する人や国（日本?）もあると伝えられていますす。こうしたなかで、人々は不確実情報、機械的情報に操られ、巨大な情報リスクに曝されて、右往左往しているようです。ここで強調したいことは、情報が人間に与える危険、すなわち「情報リスク」は、暴力など物理的な力を必要とするわけではないから、そのリスクは無限に大きくなる潜在力を持っているという恐ろしい事実です。

このような現状を直視すれば、今こそ私たち人間の生命力、すなわち自然や現実に自身で対処して生き抜く生命の力の衰退を真摯に憂慮し、生命力の復権に向けての対策が、如何に重要であるかに思いをいたすべきです。私の実験結果では、背中に大きな傷をつけられても、無傷のマウスよりも放射線に強く死ななかったマウスたちは、ストレスに耐える機構が活性化されていて、生き延びることができたのです。日々の生活や自然や社会のさまざまな環境のなかで、さまざまな刺激を受けながら、自身の眼で見、聴き、手ごたえを確かめるという現実的な行動のやりとりをすることこそ、人間の持って生まれた生命力を高めます。子どもたちの教育の基本もそこにあると私は思います。

(3) 社会のいのち防御対策

現在七三億人の人口を抱えた地球の将来と私たちの健康リスクはどうなるのでしょうか。昨年末には、二〇七〇年には北極の氷は消失し、二〇八〇年頃は人類の半分がデング熱のリスクに曝されるとテレビ報道されました。図1－1で示したように、私たちの健康は地球の人口増加や地球環境問題ぬきでは考えられません。

人間活動が環境破壊の源泉であるならば、私たちが環境や健康問題に大きな関心を持って、リスクを正しく理解し、みんなで意識的に環境問題に取り組み、具体的に自身のライフスタイルを変革していかねばなりません。かって、地球に優しい一二七の方法が話題になりました。「地球を救う一二七の方法」というパンフレットには、まずゴミを減らす、から始まりまして、「1．使い捨てのコップやペーパータオル、ナプキンなどは使わない。」「2．割り箸は使わず、外出時には箸を持ち歩く。」とあります。1も2も簡単なことです。「3．ビール、ジュースなどを飲む場合は、缶入り、ペットボトルのものは避け、リサイクル可能なビン入りのものを飲むようにする。」とあります。その他一〇〇項目以上あり、どれも誰でもすぐできる工夫です。しかし皆さんは、これらを実行しているでしょうか。私は自分のことを考えてみると、ほとんどまだ実行しておりません。社会がそういうシステムになっていないから、一人だけやっても仕方がないと思ってしまいがちです。

私は「地球を救う一二七の方法」について、(1)個人がぜひ実行したいこと、(2)企業体にぜひ協力してほしいこと、(3)行政体でぜひ実行してほしいこと、というように、責任の所在を考えた三者に分けて実行していくことが望ましいと思います。社会全体が今のような具合だからこそ、これから何とかしてシステムを作らなければいけないわけです。今こそ皆で、アイディアや意志を、行政体や企業体、そして消費者としての場で発表し、行動に反映させたいと思います。

地球を救う一二七の方法そのままでは何かまとまりが悪く、非能率的な気がします。もっと科学の力と行政の力を利用して系統的に処理できないものでしょうか。

汚染はまず発生源で制御するのが鉄則です。無駄な消費をふくらませない社会システムを、消費者自身が考え出したいものです。

生き物が本来備わった防御力を活性化するには、環境からの適切・適度な刺激が必要です。酷熱の砂漠で重荷を背負って何日も歩かされる駱駝が、重い荷物で背中に大きな擦り傷ができていて、隊商たちがその傷に、乾電池を壊してとり出したマンガンの粉を練って作った黒い軟膏を塗りつけて癒す場面をテレビで見ました。実は私は一九九一年に「マンガン投与による放射線傷害防護法」という名の米国特許第5008119号を取得していました。まさに金属を塗りつけ、肝臓や皮膚にメタロチオネインを作らせて生体防御力を活性化させているのだと、ひそかに感動しました。

日本では、細菌感染による伝染病は減りましたが、ウイルスや不明の原因がかかわっている病気は、撲滅するのが困難です。英国の疫学調査では、小児白血病は比較的社会的階層の高い層に多いといいます。過保護に育てるよりも、小児期でも適度な免疫系の刺激があることが必要なのではないでしょうか。抗生物質のない時代は、親たちは子どもたちに、冷水まさつや乾布まさつで身体を鍛えることを教え、寒中でも朝夕は廊下の水拭きや庭掃きをさせました。こうした習慣は便利な家庭電気器具の普及とともに消え去り、子どもたちの教育を学校や塾まかせにしています。現行のライフスタイルでは、子どもたちに強くなれと期待するのは無理のようです。

健康を維持するためにはバランスのとれた栄養と適度な運動が大切です。とくにメタボリック症候群を防ぐには、食物は適度なカロリー摂取量にとどめ、海産物や野菜でミネラルを補給し、適度な運動をすることによって、カルシウム代謝やホルモン分泌を円滑にしたいものです。今日の日本では、社会の物的な豊かさを反映して、刺激は仕事からも、食生活からも、フィットネス

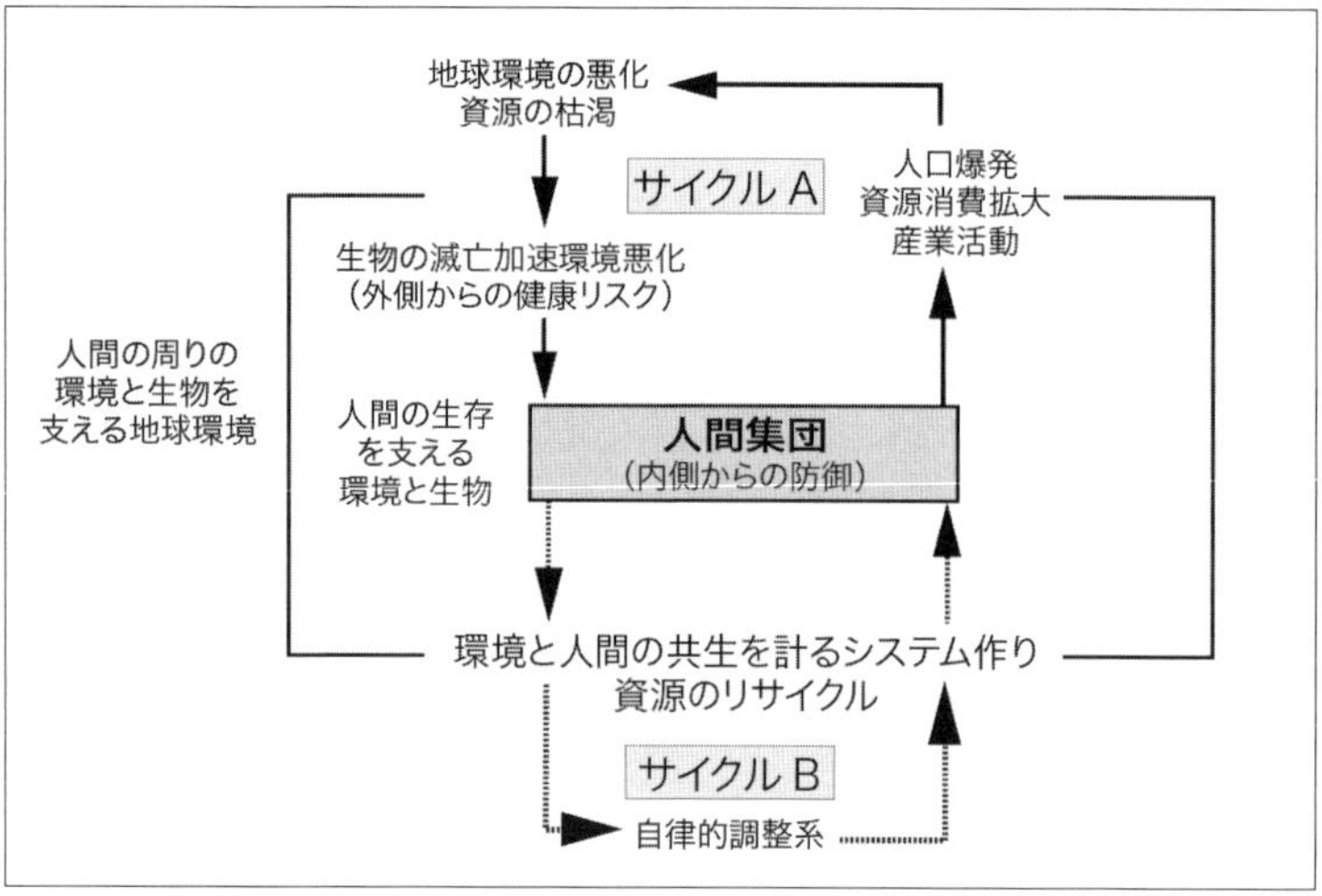

図 10 - 3　人間共存と環境対策（サイクルAからサイクルBへ）

でも、趣味からでも、自分に合ったライフスタイルのなかで選ぶことができる人が多くなりました。「自分のいのちの力」を、自分に合った方法で、適切に「使う」ことこそ大切です。それが、自身の生体防御機構を活性化するのです。

これからの人類が資源やエネルギーの窮乏や環境汚染のなかで生き抜くには、発想の転換が必要です。一九七〇年代に、「人類は地球という名の宇宙船に乗った乗客であり、資源は限られている」という発想が、人々に環境と資源問題を考えさせるきっかけとなりました。では今世紀の新しい課題は何でしょうか。私は拙著『いのちのネットワーク』（丸善ライブラリ、一九九二年）において、人間生存と環境対策という視点から私たちの地球を考え、現在の地球の状況（サイクルA）と将来的に地球を健康的に存続させるためのシステム（サイクルB）とを

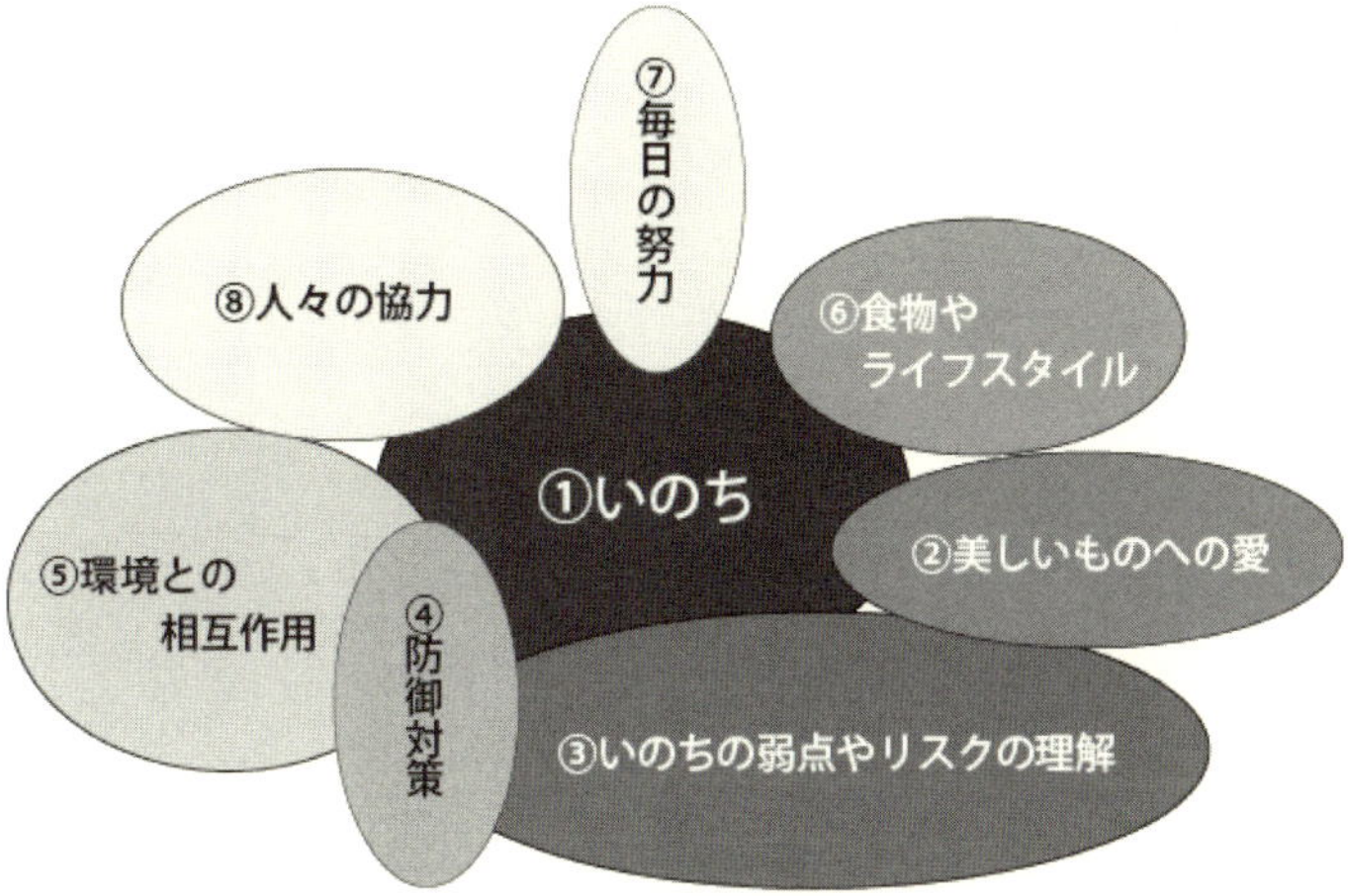

図 10 - 4　すべては関連しあっている

提示しました。図10 - 3がそれで、まず、現在の地球の現況（サイクルA）の物質循環量を適格に把握し、対策をたてるために、①将来に向けて地球の人口、資源等の変化の予測、②環境の悪化と人間側の健康被害についての疫学的予測、③自然界と経済システムのなかでの物資の流れのアンバランスな部分の生態学見地からの明示、④有効に機能する特定の資源の閉鎖循環系の提示、⑤さまざまな場面でのリスク評価と経済学的費用効果便益分析、などの情報を、全地球的に集めて、リスク科学として集約、蓄積することが必要であると訴えました。

将来の人間にとって最も大切な持続可能な地球、すなわちサイクルBを創出するためには、前記の情報に加えて、⑥より統合的な視野と連携システムの開発、⑦必要に応じた個別の閉鎖リサイクル系の開発、⑧新しい発想にもとづく総合的な自己調整系の開発、⑨惑星や衛星など近宇宙での生活可能性、など新しいタイプの情報や研究開発がさらに求められます。

私たちのいのちは、家族、友人のみならず、たくさんの人々や無数の他の生物のいのちに支えられて生きています。同時にいのちは、図10－4に示すように、さまざまな関連のなかで生きています。

デジタル情報に埋没せず、「周囲の環境を直視し、自然と闘い、自然と自身を守りつつ生きた人間の生命力の復権」という目標を持ちましょう。限りある地球上で、人間が自らを見つめ、人間同士が直接に語り合い、お互いの生命力の発揮のために折り合いをつけて最適の道を探し、互いに手を取り、支えあっていくことのできる社会に向けて歩みましょう。

終章　私の研究史

(1)　微生物学教室で

学生時代に顕微鏡の視野にブドウの房状に集まって紫色に染まり、ぎっしり埋め尽くされたブドウ球菌を見ました。これが皮膚に痛みと膿をもたらす化膿症の犯人であり、人間はこうした細菌類とのたたかいのなかで生きているということを思い知らされました。私が子どもの頃は抗生物質がなく、隣の幼友だちがある日突然に疫痢で亡くなりました。私も気管支肺炎で毎日青い痰を吐きながら三ケ月も母親に背負われて医者に通い、やっと命拾いさせてもらったことを想い出します。大学で細菌学を教わり、さらに大学院で生態学や疫学的手法をマスターした時、私は人間と環境中の有害物とのたたかいや相互作用の研究に進もうと志を決めました。

(2)　原水爆実験による放射性物質の生物圏汚染研究への参加

広島、長崎の原爆の傷跡は人類が忘れてはならない教訓です。環境問題に興味があった私は、当時ビキニ環礁での第五福竜丸の漁師たちの放射能汚染や、核実験による放射性降下物の日本や世界の汚染調査を行っていた東京大学水産学科の桧山義夫研究室の大学院に進学しました。「放射線」の量は微量でも放射線測定器を用いれば外から簡単に測ることができます。しかし食品や生物体内の「種類別の放射性物質」の量を測るには、まず、資料を燃やし、有機物を飛ばして灰にしてからエネルギー別に量を測定します。そのため、私の髪の毛にはいつも、食物を燃やす時の匂いがしみ込んでいました。桧山研究室で私は、環境と多様な生物を結ぶ生態学という学問の現実を学び、ばらつくデータのなかから大局を見抜く大胆さを学ぶことができました。

(3) 放射性同位元素を用いた有害金属の代謝研究

東大医学部保健学科助手となり、放射性同位元素（アイソトープ）と実験動物を用いてトレーサー実験をすることにより、有害物質が生体の中でどのように動くかを、安い費用で観察することができました。一九七〇年代は環境問題がハイライトを浴び、水俣病やイタイイタイ病の原因を調べるために、私は水銀やカドミウムのアイソトープをマウスに注射して、生体への移行を調べました。特にカドミウムが長い年月をかけて動物の腎臓の皮質に高濃度に蓄積することが印象的で、他の元素と異なる著しい蓄積特性がある（生物学的半減期が特に長い）ことを実感しました。

私は「ある事実をもたらすことの原因を追究する科学の面白さ」をかみしめることができましたが、何百匹もの白い小さなマウスが私の手にかかって犠牲になったことも忘れることはできません。

(4) 疫学教室で ―特定疾患(難病)全国調査への参加

日本で初めて創設された東大医学部疫学教室の記念すべき仕事は、今もいわゆる難病といわれている特定八疾患の有病に関する全国調査でした。日本全国から各病気に関して日本では筆頭の臨床の専門家が招集され、山本俊一教授率いる教室員一同がデータのまとめに当たりました。

(5) 多重リスク研究

伝染病のように一つの病原因子が一つの病気の原因になる場合は、疫学的対策は簡単に効を奏します。しかし、一つの病気の発症に複数の原因がかかわっている場合は、問題は複雑です。たまたま八〇年代は「複合汚染」という言葉が人々の注目をひいていました。私はたくさんのマウスを用いて、多種類の危険要因にマウスが曝露した場合の各グループのマウスの死亡を実験的に測定し、そのデータを統計的に解析する「多重リスク解析共同研究」を試みました。

実験のあらましは、合計七二〇匹のマウスを用いて、①必須金属の亜鉛を毎日与える、与えない、②毒性金属のカドミウムを量を変えて二群に注射する、注射しない、③必須元素のカルシウムを与える、制限する、④異なった三種類の線量のX線を照射する群の計一〇種類の条件をさまざまに組み合わせて合計三六種類の実験群を作り、それぞれ一群二〇匹のマウスに異なる処置を行い、一日後に半致死量のX線を照射して、その三〇日後の各群別のマウスの死亡率を比較する、というものでした。

得られたデータは多重ロジスチック関数モデルを用いて大型計算機で統計的に解析し、上記の四つの要因とマウスの放射線による死亡に対する関連の程度を計算したのです。当時、保健学科では毎年卒業論文の作成と発表を行うため、学生も指導教官も昼夜を忘れて努力しました。「優秀でやさしい心を持つ学生たちの親はどんな人かしら？」と私は思いつつも、私自身の子どもたちの夕食を作ってやる時間はほとんどありませんでした。

たくさんの危険要因が重なれば、当然マウスの死亡は増えるだろうと期待していましたが、実験の結果は「思いもよらぬもの」でした。事実は、カドミウムなど毒性金属を注射したマウスが一番死亡が少なく、X線に強かったのです。「これは本当か？　その理由は何か」を探し出すため、それからの私の長い研究が始まりました。一九八〇年のことです。

なぜ毒性金属がマウスを強くしたのだろう？　まず私の頭にひらめいたのは、重金属はメタロチオネインという抗酸化性の物質を肝臓や皮膚などに産生させる性質があることです。実はメタロチオネインはイタイイタイ病の研究途上で話題になった物質で、イタイイタイ病の患者の腎臓から発見されました。しかし私はメタロチオネインが、カドミウムなどの重金属のみならず生体の必須金属である亜鉛の代謝と関係し、「生体が環境中のさまざまなストレスに曝された時に合成される」という事実に大きな興味を持ちました。つまり、私の研究は「人間がストレスに対してどのように生体防御するか」ということの追究となったのです。そして、「メタロチオネインは肝臓内の寿命の長い有機ラジカルのレベルを調節（消去）している」という事実を、名古屋大学宮崎哲雄教授との共同研究で、一九九五年に発見したのです。

(6) チェルノブイリ事故影響に関する情報収集

国の原子力安全委員会在任中にチェルノブイリ原子力発電所を視察し、退任後に、JENES（原子力安全基盤機構）の依頼によるチェルノブイリ事故調査委員会の主査として事故影響について報告書をまとめました。

(7) リスク科学の樹立を目指して

専門書『リスク科学入門―環境から人間への危険の数量的評価―』を東京図書から刊行し、一九八九年に日刊工業新聞社より、第五回技術科学文化優秀賞を受賞しました。

（付）いのちをみつめる30のキーワード

1. いのち life：生物のなかで営まれる物質とエネルギーの自発性を持った流れ。
2. 代謝 metabolism：生物は外界と物質の交換を行い、体内で行われる物質の化学変化を代謝または物質代謝という。同時に行われるエネルギーの交換はエネルギー代謝という。
3. 代謝回転 turnover：ある物質が別の物質から合成され、同時にその物質は分解され、別の物質に変わる一連の流れ。
4. 動的平衡 dynamic equilibrium：代謝回転の時、物質の生成と分解が同じ速さで行われると、その物質の量は変わらなくても、絶えず物質が新旧入れ替わることが維持されている状態。
5. ホメオスタシス homeostasis：生体は環境の変化や刺激にかかわらず、体温や自身の身体の成分の濃度などを一定に保とうとする。こうした恒常性を保つ能力をホメオスタシスという。恒常性は常に変化する環境と生体での動的平衡のなかで達成されるが、恒常性の異常が病態であり、医師の努力は患者の恒常性を保つことに注がれる。
6. オートファジー autophagy：オートファジーは、細胞内のたんぱく質を分解するための仕組みの一つで、自食とも呼ばれる。酵母からヒトに至るまでの真核生物にみられる機構で、細胞内での異常なたんぱく質の蓄積を防いだり、栄養環境が悪化した時にたんぱく質のリサイクルを行ったり、細胞質内に侵入した病原微生物を排除することで、生体の恒常性維持に関与している。

7. サイトカイン cytokines：抗原が感作リンパ球に結合した時に、そのリンパ球から分泌される特殊なたんぱく質の総称。代表的なものにインターロイキン、インターフェロン、腫瘍壊死因子、ケモカイン、コロニー刺激因子、増殖因子などがある。これらは、免疫系の調節、炎症反応の惹起、細胞の増殖や分化の調整、抗腫瘍作用に関係し、感染防御や生体機能の調節をする。サイトカインやサイトカインの作用を阻害する物質（抗サイトカイン物質）はさまざまな病気の治療にも使える。

8. 抗原／抗体 antigen/antibody：抗原とは病原微生物などの異物のことで、抗原が体内に侵入して体内に抗体を作り出す性質のある物質をいう。抗体とは抗原の刺激で、血清内や組織中に形成されるタンパク物質のことをいう。一つの抗原は、ある決まった抗体とのみ特異的（＝特定の物質にのみ）に反応して、凝集、沈降、または抗原の持つ毒素を中和するなどの作用をする。抗原抗体反応は生体の免疫性や過敏性の主役を果たしている。

9. アポトシス apoptosis：多細胞生物の体を構成する細胞の死に方の一種で、個体をより良い状態に保つために一部の細胞が自ら死ぬ現象で、細胞自殺、またはプログラム死と訳される。細胞自殺は管理された状態にあり、細胞の壊死（ネクロシス necrosis）と違って、周囲の細胞に悪影響をもたらさない。酵素、カスパーゼが重要な働きをする。

10. ストレスとセリエのストレス学説 Selye's stress theory：ストレスとは外部環境からの刺激

によって起こる生体の歪みであり、外部刺激の原因（ストレッサー）には、寒冷、騒音、放射線、電磁界など物理的因子、酵素、薬物、化学物質などの化学的因子、炎症、感染、カビなどの生物的因子、怒り、緊張、不安、喪失などの心理的因子がある。H. セリエはストレス学説を発表し、その基本は、ストレッサーに曝された生体は刺激の種類によらず次のような共通の一般的適応反応を示すことを見い出した。一般的適応症候群は、脳の視床下部や副腎皮質などのホルモン分泌や自律神経系の神経伝達により起こる反応で、副腎皮質の肥大、胸腺やリンパ組織の萎縮、胃十二指腸の出血性潰瘍という三つのストレス反応があり、時期的には、警告反応期、抵抗期、疲憊期の三反応に分けられる。

警告反応期：ストレッサーに対する警報を発し、ストレスに耐えるための内部環境を急速に準備する緊急反応をする時期である。警告反応期は、ショック相と反ショック相に分けられる。ショック相では、ストレッサーのショックを受けている時期であり、自律神経のバランスが崩れて、筋弛緩・血圧低下・体温低下・血液濃度の上昇・副腎皮質の縮小などの現象がみられ、外部環境への適応ができていない状態といえる。一方、反ショック相ではストレス適応反応が本格的に発動される時期で、視床下部、下垂体、副腎皮質から分泌されるホルモンの働きにより、苦痛・不安・緊張の緩和、神経伝達活動の活性化、血圧・体温の上昇、筋緊張促進、血糖値の上昇・副腎皮質の肥大・胸腺リンパ節の萎縮といった現象がみられる。

抵抗期：生体の自己防御機制としてのストレッサーへの適応反応が完成した時期で、持続的なストレッサーとストレス耐性が拮抗している安定した時期である。しかし、この状態を維持するためにはエネルギーが必要であり、エネルギーを消費しすぎて枯渇すると次の疲憊期に突入する。しかし、疲憊期に入る前にストレッサーが弱まるか消えれば、生体は元へ戻り健康を取り戻す。

疲憊期：長期間にわたって継続するストレッサーに生体が対抗できなくなり、段階的にストレッサーに対する抵抗力（ストレス耐性）が衰えてくる。疲憊期の初期には、心拍・血圧・血糖値・体温が低下する。さらに疲憊状態が長期にわたって継続し、ストレッサーが弱まることがなければ、生体はさらに衰弱してくる。

11. 感染と発病 infection, onset of disease：人体に細菌やウイルスなどの微生物浸入し、人が微生物に何らかの反応を示すことを感染という。感染により微生物との戦いが始まり、症状が出ることが発病である。

伝染病には、エボラ出血熱のように病気になると致命率が高いものから、カゼのように症状があっても自然に治ってしまうもの、知らないうちに感染し治ってしまうもの（不顕性感染）など、いろいろな程度の感染がある。身近でも、麻疹（はしか）のように初感染イコール発病となるように、顕性感染が著しい病気と、結核や日本脳炎のように不顕性感染が非常多い感染症がある。

12. 免疫 immunity：一度かかった同じ感染症には二度とかからないこと。体内に自己にとって不利益な病原微生物や異物が侵入した際に、これを排除しようとする生体が持つ基本的機能で、個々の異物に対して特異的な反応が身体に記憶される。

13. フリー・ラジカル free radical：反応性の高い遊離基OH・（OHラジカル）や酸素O*（スーパーオキサイドラジカル）など、体内で物質が代謝される際発生する低分子物質。さまざまな酸化的ストレスで発生する。

14. 抗酸化物質 antioxidative substance：グルタチオン、メタロチオネイン、ビタミンC、ビタミンE、SODなど、フリー・ラジカルを除去し生体への酸化的ストレスを少なくする物質。

15. ビタミン vitamin：代謝に必要だが生体が自身で合成できない微量の栄養素で、補酵素など。

16. ホルモン hormon：甲状腺や副腎など内分泌器官から血液中に分泌され、微量で組織の機能を調節する物質。

17. 生態系 ecosystem：生態系とは、自然界のある場所を特定して、そのなかの生物的部分が非生物的部分とともに作り出しているシステム。すなわち、自然界のある場のなかで、動物や植物の集合と、それをとりまく環境の非生物的部分（大気、水、土壌、光、気象など）とが相互に関係しあいながら一つのまとまり（系）をなした部分をいい、生物─環境系として、全体的にみることが生態学の特徴。生態系の営みは通常、生産者、消費者、分解者の役を担う生物群でなされ、そのなかで生物と環境間の物質循環とエネルギー産生と消費が行われる。

18. 食物連鎖 food chain：人や生物は餌を食べるが、野菜や肉や魚など、すべて生物が原料であり、それらの生き物はさらに小さな生物を食べて生きる。こうした食いつ食われるの関係を食物連鎖という。人間はその頂点に座して、無数の生き物の恩恵に浴して生きている。

19．エコロジー：すなわち生態学とは、生物あるいは生物群と環境の諸因子間の相互関係を研究する学問。語源は家や生活状態を意味するギリシャ語の"oikos"に、学問を意味するlogieをつけた造語がoekologie = ecologyとなった。

20．地球生物圏 the biosphere：地球上で生物が生存している場所の総体のことで、地球全体からみれば地表近くの海抜上下約二〇kmのごく薄い層であるが、生物による非常に活発な物質転換とエネルギー循環が行われているデリケートな部分である。生物圏が存立する要因は、第一に充分な量の水が存在すること、第二に外界から充分なエネルギーが供給されること、第三にその圏内に液体、個体、気体の相互の接点が存在することの三者であり、この条件のなかでのみ生物は生存できるゆえ、地球生物圏の貴重さがわかる。

21．地球温暖化 global warming：二酸化炭素など、熱を吸収し大気中に熱をとどめる性質のあるガスが増加し、地球全体の温度が高まる現象。地球をとり巻く大気中の二酸化炭素（CO_2）、メタンなどの気体は、太陽光線の大部分を地上へ通過させる一方、地表面から宇宙へ放出する赤外線（熱線）を吸収する性質があるため、地表の気温を保持する性質（温室効果）を持ち、「温室効果ガス」と呼ばれている。大気中のCO_2の濃度の増加とともに、地球の平均気温が増加しつつあり、IPCC（気候変動に関する政府間パネル）の報告によると、二一世紀末までに地表の平均気温は一・四〜五・八度上昇するといわれている。気温の上昇の結果、海水の膨張、氷河の融解による海面の上昇、水害、農作物の被害、生態系の変化などが懸念されている。

22．疫学 epidemiology：疫学とは、ある地域の住民とか、ある職場で特定の作業をする人々など、人間の集団で発生したさまざまな健康事象（生死や特定の傷害や病気の発生数）を量的に調べ、その集団で起こる健康事象を解析し、その原因について検討する学問である。

ヒルの五原則（Hill's 5 principles）

疫学的データから、病因と結果との因果関係を探る場合、下記のヒルの五原則が重要であるが、次の四者を合わせて、総合的に判断することが大切である。

1．関連の強さ＝関連性
2．人、地理、時間的な一貫性
3．関連の特異性（一つの原因に対して一つの結果）
4．時間的な前後関係（原因が結果の前に起きる）
5．用量が多いほど反応が強い＝量反応関係
6．生物学的な蓋然性
7．過去の経験や知識との一致
8．実験に基づく証拠
9．類似性（他の事例から類推できる）

23. **ハザード** hazard：ハザードとは、危険事象の潜在を示す言葉で、危険の潜在性（ポテンシャル）を示すために、単位時間当たりの危険事象の発生確率、瞬間事象発生率$(IR)_t$で示され、それは、観察された危険事象発生数（人）／観察された総人・時間であるゆえ、そのディメンジョンは$\{T^{-1}\}$である。

24. **リスク** risk：リスクとは、危険事象発生の可能性や不確実性を示す言葉で、危険事象の発生確率$(CI)_t$は、ある期間内の事象新発生数／期間初めの時点の人口で、1-exp(-IR dt)であり、{確率}であるからディメンションはない。ただし、リスクの期待値（ER）はリスク確率x重篤度とし、危険の重篤度や被害を金銭や物量で換算すれば、金額他さまざまな量で、リスクの期待値を計算できる。

25. **リスク・ファクター**：人の健康にマイナスの影響を与える要因や、生命に危険を与えそうな要因をリスク・ファクターまたは健康リスク要因という。健康リスクの発生源の主なものを次に示す。

1. 自然の危険性：落雷、地震、竜巻、洪水
2. 事故：交通事故、火災、家庭での落下、溺死、爆発
3. 暴力行為：戦争、テロリズム、犯罪、自殺
4. 科学技術による災害：化学薬品、原子力、ガス
5. 疾病：流行病、結核、AIDS、心臓疾患、がん、SARS、BSE、鳥インフルエンザ

など
6. 環境：オゾン層の破壊、公害、煙害、ラドン、騒音、ダイオキシン
7. 職業：鉱業、有毒薬品、放射能、騒音
8. 社会：失業、麻薬、喫煙、飲酒、低栄養、過栄養

26. 事故とヒヤリ・ハット原則：ハインリッヒ（Heinrich）の法則ともいわれる。ハインリッヒは、通常一件の死亡などの重大事故の発生の背後には、同様な要因に由来する約三〇件の物理的損傷などの中程度の事故と、約三〇〇件のヒヤリハット事象など、事故にはならなかったが潜在的現実があり、ニアミスも含めると、一事故の底辺は三〇〇ないし六〇〇件程度あることを経験的に見出し、日常の小事故への対処が大事故の予防につながることを示した。

27. 故障曲線 bath tab curve：機械の使用開始から時間を横軸に故障の発生率を記録すると、通常初期と末期に故障率が高い曲線がえられ、別名バスタブ・カーブともいう。生物でも機械でも、生まれた直後または製造された直後は故障が多く、これを初期故障といい故障発生率が高く、その後の中間期は事故などの偶発的原因による偶発故障期となり、故障は少なく多少安定するが、年数を重ねると再び年数に応じて故障が増える磨耗故障期となる。人でも個人差はあれ、経験的に年齢を重ねれば何かと身体に故障が増えるが、人も機械も、年齢や使用期間に応じた事故予防対策が必要である。

28. 寿命短縮 loss of life expectancy：ある危険や災害で失われた人の寿命損失年数や、傷害で

失われた労働損失日数などを計算する。寿命短縮ＬＬＥは、平均人の平均寿命と問題のリスク要因による死亡を除いた平均寿命の差として計算する。単位は時間。

29．発がんの多段階説：発がんのプロセスは、まず細胞が内外からの刺激を受けて遺伝子（ゲノム）の不安定な状態が発生し、何年もかかっていろいろな因子が重なる複数の段階を経てがん細胞に進展していく。発がんは一個の細胞の突然変異のみで起こるとする従来の考えは単純すぎ、かつ誤りである。発がんのプロセスは、ＤＮＡ損傷への反応や修復、細胞周期や生長の制御、アポトシス、分化、血管形成、などに関するさまざまなシグナリングを行う複数の遺伝子の複合的変化を包含している。細胞内の遺伝子の総合的調整が失われると考えられる。発がんまでに何年も要する促進（promotion）、悪性化、転移性獲得には周辺の細胞因子など、複数の因子の作用が影響する。がん発生には個人差があり反応遺伝子ＤＮＡの多型性も関係していると思われる。

30．持続的開発 sustainable development：日本の提案によって設けられた国際連合の「環境と開発に関する世界委員会、ＷＣＥＤ、通称ブルントラント委員会」が一九八七年に発行した最終報告書“Our Common Future”、邦題『地球の未来を守るために』での中心的な理念として広く認知されるようになった。その理念は、開発と環境保存は背反ではなく共存させるべく、「将来の世代のニーズを満たす能力を損なうことなく、今日の世代のニーズを満たすような開発」と説明されている。

あとがき

物質的なことではなく、人のいのちのリスクについての情報を整理したいと、疫学やリスク学について議論するたびに長年想いつつ、いつの間にか四半世紀の月日が経ってしまいました。大学退官後も、国の原子力安全委員会委員など務めて多忙でした。その際、日本の原子力技術の全容を知り、原子力事故の実例にも接してきました。

いのちの問題を科学にすることは困難なことですが、以前に、リスクに関する諸知見を「リスク科学入門」として公刊した私は、退官後の最適の目標として、いのちの危険についての情報をまとめてきました。

特に、戦争の犠牲の巨大さ、非情さを、一般の人々にデータで示したいと強く感じました。一方、世界一の平均寿命を誇る日本ではありますが、私たちの日常の食習慣などが、結局は健康や寿命に最も大きな影響を与える因子であることを知ってほしいと思いました。

本書の執筆を始めたころは、地球の人口は約六十億でしたが、現在の地球は七十三億人を抱え、地球温暖化に喘いでいます。

「いのちのリスク」に関しては類書がない、と激励してくれた友の言葉もあって、回転が遅くなる脳に鞭打って、やっと本書の完成に漕ぎつけました。人は生きる限り停止してはいけないのです。

数多い図版を美しく作成し、素敵な本に仕上げてくださった冨山房インターナショナルの坂本喜杏社長、および新井正光さまには、心から御礼申し上げます。

松原純子

平成二十九年正月

松原純子（まつばら　じゅんこ）
東京生まれ。1963年東京大学大学院博士課程修了後、同大学医学部助手、講師、助教授を経て、1994年横浜市立大学教授。1996年原子力安全委員会委員、2000-04年同委員会委員長代理。現在、放射線影響協会研究参与。
主な著書に『女の論理』（サイマル出版会）、『リスク科学入門』（東京図書）、『いのちのネットワーク』（丸善ライブラリ）など。

いのちのリスク
――いのちの危険因子をみつめる

二〇一七年四月十一日　第一刷発行

著　者　松原純子
発行者　坂本喜杏
発行所　株式会社冨山房インターナショナル
東京都千代田区神田神保町一-三　〒一〇一-〇〇五一
電話〇三（三二九一）二五七八
URL:www.fuzambo-intl.com
印　刷　株式会社冨山房インターナショナル
製　本　加藤製本株式会社

ISBN978-4-86600-029-9 C0040